ПРИВЛЕКАТЕЛЬНЫЙ СИНЬЦЗЯН

ВКУС В СИНЬЦЗЯНЕ

ЛЮ ЯНЬ

Межконтинентальное издательство Китая

图书在版编目（CIP）数据

味道新疆：俄文/刘艳编著；张明奎译. — 北京：五洲传播出版社,2015.6
（魅力新疆）
ISBN 978-7-5085-2844-1

Ⅰ.①味… Ⅱ.①刘… ②张… Ⅲ.①饮食－文化－新疆－俄文
Ⅳ.TS971

中国版本图书馆CIP数据核字(2014)第183280号

味道新疆（俄文）

编　　著：刘　艳

翻　　译：张明奎

图片提供：付平，刘艳，罗彦林，石广元，新疆何杰摄影
　　　　　公司米琪，新疆思睿律师事务所李涛，CFP，东方IC

责任编辑：宋博雅

封面设计：丰饶文化传播有限责任公司

内文设计：北京优品地带文化发展有限公司

出版发行：五洲传播出版社

社　　址：北京市北三环中路31号生产力大楼B座7层

电　　话：0086-10-82007837（发行部）

邮　　编：100088

网　　址：http://www.cicc.org.cn http://www.thatsbooks.com

印　　刷：北京华联印刷有限公司

字　　数：240千字

图　　数：137幅

开　　本：710毫米×1000毫米 1/16

印　　张：13

印　　数：1—1500

版　　次：2015年6月第1版第1次印刷

定　　价：138.00元

（如有印刷、装订错误，请寄本社发行部调换）

От издательства

Синьцзян-Уйгурский автономный район (СУАР) располагается на северо-западной границе Китая, площадь — 1,6649 млн. км^2. (1/6 часть территории всего Китая), протяженность сухопутной границы — более 5 600 км. СУАР граничит с 8 странами — Монголией, Россией, Казахстаном, Киргизией, Таджикистаном, Афганистаном, Пакистаном и Индией. Синьцзян — важный коридор древнего Великого шелкового пути.

История цивилизации Синьцзяна насчитывает тысячи лет. Издавна в Синьцзяне компактно проживают представители разных национальностей и сосуществуют различные религии. Со времен династии Западная Хань (206 г. до н.э. – 25 г. н.э.) Синьцзян является неотъемлемой частью единого многонационального Китая.

Синьцзян — один из 5 автономных районов Китая, где в настоящее время проживают 55 национальностей — уйгуры, ханьцы, казахи, хуэйцы, киргизы, монголы, сибо, маньчжуры, узбеки, русские, дауры, татары и другие. По данным на конец 2013 г., численность населения Синьцзяна составляла около 22 643 000 чел., из них на долю нацменьшинств приходилось около 61%.

В Синьцзяне имеются неисчислимые достопримечательности. Этот район переполнен историческими легендами, выдающимися национальными культурами, густыми национальными обычаями и нравами, различными религиозными вероисповеданиями. Синьцзян расположен в глубине Евразии и обладает уникальными природными условиями, разнообразным рельефом, величественными пейзажами, природными богатствами, богатыми ресурсами ископаемых. Здесь пасутся стада коров и овец, повсюду выращивают продовольственные культуры и хлопчатник, во все времена года здесь витает аромат фруктов… Синьцзян — это действительно чудесное место!

В целях знакомства китайских и зарубежных читателей с трёхмерным, динамичным и открытым Синьцзяном, мы выпускаем сборник «Привлекательный Синьцзян». Данный сборник состоит из 10 выпусков, которые знакомятся с основной обстановкой Синьцзяна по 10 сторонам. Надеемся, что эти книги приносят вам путешествие по привлекательному Синьцзяну.

июнь, 2015 г.

СОДЕРЖАНИЕ

Введение

Синьцзян имеет много китайских, даже мировых лидерств! На самом деле, сколько «лидерств»? Каждый человек имеет свой ответ.

Но никто не отрицает, что вкусный Синьцзян является самым соблазнительным Синьцзяном!

Для человека, кто любит путешествовать, Синьцзян имеет свою специфику в географии, пейзаже и деликатесах, является самым необыкновенным местом, ещё и самым продвинутым местом!

Если говорить со стороны географии, то Синьцзян – является самой большой провинциальной единицей Китая с самым большим количеством соседних стран, самой отдалённой от моря континентальной провинциальной единицей Китая.

Если говорить со стороны пейзажа, то горы и реки в Синьцзяне великолепные, пейзаж изящный, вид гор своей

Великолепный пейзаж Синьцзяна

первозданностью и стройностью необыкновенный, природные туристические ресурсы известны своей «высотой, новизной, изумительностью, необыкновенностью и спецификой». Необычная геологическая структура и географическая сфера образуют множество редких во всем мире, единственных в стране необычных ландшафтов. Ледяной пик и огневой континент существуют вместе, необъятное песчаное море граничит оазисами. Это место не только имеет красивый пейзаж, но и богат особыми продуктами. Между горными цепями и высокими горами расположены бесчисленные запасы «пшеницы», «мяса», «масла» и жалезы «угля». Это место является единственным местом слияния четырёх великих древних цивилизаций мира, колыбелью «Двенадцати Мукамов», поющих в космосе, про типичное «Счастье, радость и мудрость», переданных и унаследованных уйгурами. Известный «Великий шёлковый путь» всему миру стимулировал обмен

между востоком и западом, ещё и оставил много исторических памятников в Синьцзяне, которые наполнились культурным очарованием, и стали самыми ценными гуманитарными ресурсами китайской нации. Необычные природные пейзажи, исторические и культурные памятники, грациозные и цветные народные нравы и обычаи наций дополняют красоту друг друга, образуют чудесное и обаятельное очарование. Земля здесь богатая и красивая, обширная и чудесная, народ здесь сердечный и прямодушный, гостеприимный и церемонный, это место является царством поэта, сокровищницей художника, раем историка, эдемом путешественника!

Со стороны деликатесов, о чём рассказать? Упомянуть о Синьцзяне, быть может, каждый человек сможет перечислить несколько, даже больше десяти известных деликатесов, но если говорить залпом больше пятидесяти, вы сможете? Есть одна широко известная песня, она поразительно распространяемой скоростью охватила все улицы и переулки Синьцзяня. В тексте песни звучат более пятидесяти синьцзянских деликатесов: курица с перцем, большое блюдо с кусочками курятины, шашлык, чёрный пилав, мягкая хурма, кашка из риса, смешанная

Чёрный пилав

Курица с перцем

лапша с перцем и мелким мясом, печеная лепешка с мясом, тонко раскатанное тесто, красная кожа с перцем... каждый популярный в Синьцзяне. В песне поётся не только о названиях синьцзянских деликатесов, но и о названиях улиц деликатесов с местными деликатесами, поётся о вкусном Синьцзяне, что волнует кровь. Вы слышали такую божественную комедию? Давайте слушать эту песню, пусть она провожает вас в рай деликатесов. Я думаю, что вы сразу узнаете о лидерстве вкусного Синьцзяна!

Слышите, «Деликатесы Синьцзяна»:

Урумчи сильно изменился, что вы хотите узнать из этого? Целый день были заняты, вернулись домой, что вы хотите кушать?

Вы побывали в Эрдаоцяо и переулке Шаньси? Вы побывали в Дабажа и Хуншань?

Погуляете в Синьцзяне, я вам расскажу:

Арбуз в Турфане, виноград в Шаньшань, финик в Хами, кушайте и не забывайте, Груша в Курли, гранат в Хотане...

Если вы путешествуете по Синьцзяну, не с вашей подругой,

Девушки на улице заставят вас почувствовать как пламя разгорается.

Рассказ о почках овцы, знаете ли вы, что покушав её ночью невозможно заснуть.

Пилав на улице Хотана, вам обязательно попробовать: чёрный пилав, белый пилав, пилав из задней ноги, вегетарианский пилав...

Если захотеть поесть курицу, то возьмите такси и попросите водителя он вас отвезётбез проблем.

Курица с перцем в Чайвопу, большое блюдо с кусочками курятины Сюечжань, прожаренная курица неповторимая с тысячи летней историей, ещё и тушенная курица с перцем и Доуфу.

Казы из конины   Сухо печенная лапша

Покушав курицу, не торопитесь размешать лапшу с курицей, это собьёт вкус скушанной вами курицы.

Говоря о курице надо ехать в Цзицан. В Цзицане есть острая курица, покушав её вы будете довольны.

Потом поехав на улицу закусок, вы получите хороший урожай!

Лянфэнь, холодная лапша, тонко раскатанное тесто, салат с желудком, мягкая хурма.

Лоуюйцзы на маленькой тарелке, своим кислым вкусом заставит вас зажмурится.

Копытце овцы, кишка из риса, все на больших тарелках.

Накрыт полный стол, сначала кушайте, потом платите деньги.

Урумчи сильно изменился, что вы хотите узнать из этого? Целый день были заняты, вернулись домой, что вы хотите кушать?

Вы побывали в Эрдаоцяо и переулке Шаньси? Вы побывали в Большом базаре и Хуншань?

Все говорят, что синьцзянский шашлык хороший, блюдо

приготовлено из барашка. Тминовый кмин плюс порошок из перца, кушая вы будите прыгать от остроты;

Ещё и стакан кваса, и вы поймете что ваш поступок подобен синьцзянским детям.

Парень из Абула, с бородой на лице, в руке носит кочергу, печет лепешки в тонуре (жаровая печь для выпечки лепешек) лепешки.

Если хотите поесть лапшу, то найдите человека в белой шапке, он вас накормит лапшой из чечевицы.

Эй, приходите, приходите, приходите, сюда садитесь! Жареное мясо, поджаренная лапша, смешанная с перцем и мелкими кусками мяса что хотите есть, чего тут только нет!

Что вы хотите узнать? Что вы хотите поесть?

Вы побывали в Эрдаоцяо и переулке Шаньси? Вы побывали в Большом базаре и Хуншань?

Синьцзянский парень любит кушать жаренные воздушные пирожки, все они пышные и большие.

Воздушые пирожки с корочкой, каждый похож на толстые пельмени. Когда увидите жареную печку, попробуйте то, что на огне.

Обязательно не пропустите жареную печень, жареную кишку, жареное брюхо, жареное сальцо, жареную колбасу, жареную жилу, жареное сердце овцы, жареный пупок, жареную ногу курицы, жареную жилу коровы, жареную овцу, жареную отбивную из баранины, жареную клейковину, жареный батат, печеную лепешку с мясом и красную кожу с перцем.

Синьцзян, известен всему миру «Великим шёлковым путём», в нём издавна уже населило много наций. Здесь долго живут ханьцы, уйгуры, казахи, хуэйцзы, киргизы, монголы, сибо, таджики, узбеки, маньчжуры, дауры, русские, татары

и другие 13 наций с длинными историями. От множества наций, Синьцзян имеет богатую и необычную пищевую культуру. Синьцзян находится в центре Евразии, является одним из развивающимся ценным местом на западе Китая. Здесь засушливо, разница температуры большая, является типичным континентальным климатом. При таких природных географических условиях, выращивают мало видов и сортов овощей, поэтому в Синьцзяне образуется пищевая культура, основанная на говядине и баранине. Раньше кто-то в шутку сказал: «Овца в Синьцзяне бродит по золотому пути, кушает целебные травы китайской медицины, пьёт минеральную воду. В жареную баранину не забудьте добавить тминовый кмин». Очевидно, что синьцзянские деликатесы незагрязненные, являются экологически чистыми продуктами.

Вкусный Синьцзян

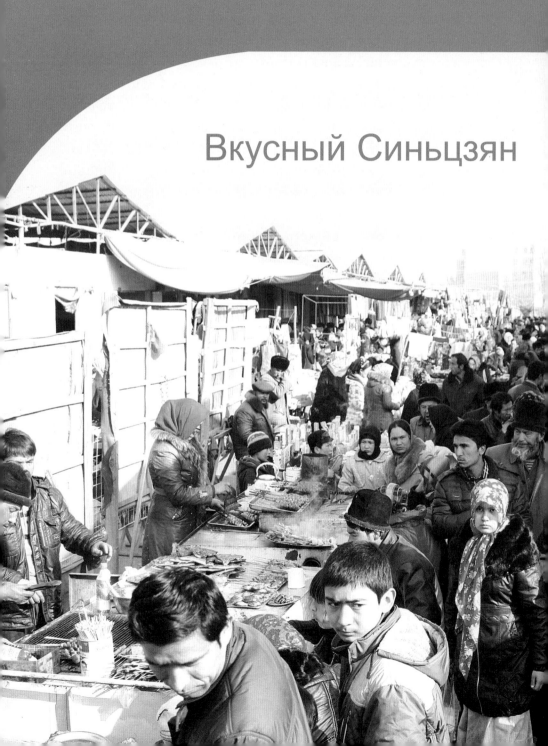

Солнце, летающие из ямы (тонура) лепешки

В Синьцзян, в любое время года, на любой улице города, одна необычная пища на улице легко привлекает взгляды людей: по размеру она похожа на крышку кастрюли, золотая, масляная поверхность с кунжутом, излучает очаровательные краски и простой свежий запах, обращая на себя привлекательное внимание прохожих. Она является жизненоважным и главным продуктом в обычной жизни синьцзянских людей, особенно уйгуров, она ещё и оригинальный продукт в пищевой культуре уйгуров. Она имеет одно название, которое не трудно произнести – нан (лепешка).

Легенд о лепешке много, в том числе самая популярная версия: раньше на краю обширной пустыни Такла-Макан, на берегах безлюдной реки Тарим скотоводы, в холодный сезон приходя, а в жаркий сезон возвращаясь из года в год кочевали. В связи с тем что, из года в год они выходили пасти скот на десять-пятнадцать дней, им приходилось в дорогу забирать с собой сухой паёк. Часто высыхающая река Тарим не могла обеспечить достаточной водой скотоводов. Через несколько дней, сухой

Лепешка

паек превращался в твёрдый как камень массу, сухой и твердый, откусив кусок от которого можно было отломать передние зубы. Однажды, несмотря на то что солнце только взошло, вокруг уже было очень

Заготовка лепешек

жарко и душно. Некоторые барханы миражем, будто облако, не облако, будто туман, не туман а так низко висели в воздухе, что на людях выпирал пот, а воздух впитался обожженным запахом шерсти. В это время, одна овца, щипающая траву, начала рыть яму, прорыв немного она просунула в эту яму свою голову и дальше только делала что блекала. От жара солнца тело чабана Турбо покрылось жиром, он не мог терпеть, и бросив свое стадо овец, одним вздохом побежал домой, который находился в десяти километрах от пастбища. Прибежав домой, Турбо головой нырнул в чан с водой, вынырнув из воды, встряхнулся, остатки воды в голове превратились в пар. Вдруг он заметил рядом в тазике один ком муки, которую положила жена, и вопреки всему схватив муку обсыпал свою голову и покрыл её так плотно словно войлочная шапка. Мука сразу превратилась в тесто, от покрытого прохладного теста ему стало лучше и

чувствовал он себя хорошо. В это время, он и вспомнил про свое оставленное стадо овец. Солнце продолжало печь, Турбо шёл навстречу к стаде овец по пыли с такыра. В ходе следования он нюхал аромат. Он смотрел и любовался округой. На протяжении всего пути он медленно бежал, и тот аромат оставлял его. Через некоторое время, Турбо споткнулся об корень китайского гребенщика, ещё не упав, ком теста с головы выскользнув упал на землю и разбился в дребезги. Аромат всё гуще и гуще, распространялся во все стороны. Турбо поднял один кусочек, положил в рот и попробовал: поверхность обгорелая, а внутренность нежная, вкусный и сладкий, очень вкусно!

«Дунда Ида… Дунда…» Турбо тихо напевая барабанную дробь, жевал, сняв чулок, собрав остатки разбитой лепешки, помчался в деревню. В ходе следования, он угощал ксочками разбитой лепешки тех, кого он встречал, пробавшие все

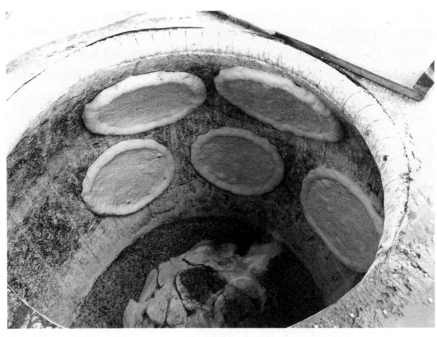

Тонур

благодарили его и говорили: «Вкусно, вкусно, очень вкусно», он продолжал свой путь. Сбивший со счета сколько раз он слышал слова «Вкусно, вкусно, очень вкусно», Турбо подтвердил: Этот продукт действительно вкусен. Попробовав данный вкусный продукт, другие скотоводы поняв вкус, узнав способ приготовления начали подражать. Такому вкусному продукту надо бы иметь своё имя подумали они. Для того, чтобы различать его от других выпечек, Турбо собрал всех своих товарищей подумав вместе, потом Турбо предложил: «Давайте назовём его Лепешкой!» Солнечная погода не каждый день, есть пасмурные дни, зимы с сильными снегами, в такое время года люди не могли есть лепешки, тогда они чувствовали себя плохо. Турбо подумал, и выдумал хорошую идею. Он в своём дворце выкопал большую яму, плотно смазал стены глиной, разжег костер из кореня китайского гребенщика. Когда корни раскалились до красна, на стенки ямы он начал лепить готовое тесто из муки, через некоторое время из ямы стало распространятся знакомый аромат лепешки. Вкус печеной лепешки с «Ароматом муки, масла» стало новым произведениеми оказалось лучше природного жарения.

На самом деле лепешка, является импортным товаром. По исследованию, название «Лепешка» происходит из персидского языка. В истории, она ещё и имеет другие названия: в словаре тюркских языков «Лепешку» называют «Юха» и «Этмайк», в Чжуньюаньжыне называют её «Хубинь». А слово «Лепешка» популярно в странах арабского полуострова, Турции, Средней Азии и Западной Азии. Следовательно, лепешка происходит из древней Персии. В 9 веке нашей эры, предки уйгуров – Хойхэжэнь поселившиеся здесь, называли лепешку «Эмайк», со времен, распространения и прихода мусульманства в Синьцзяне оно стало называться «Лепешка».

Лепешка в Синьцзяне имеет древнюю историю, во многих

китайских исторических материалах имеются про это записи. Лепешка приготовленная ещё при династии Тан из Турфана, которая показана в музее автономного района, объясняет то, что более двух тысяч лет назад, население Турфана уже умело выпекать тонкую, красивую лепешку. В нашей истории много известных поэтов описывали лепешку в их поэзиях. В поэзиях «Лепешка Цзиху и область Янвань» Бай Цзюйи про свежее испеченную лепешку писал: «Фигура лепешки Хума похожа на круг, тесто хрупкое, масло вкусное. Отправлять голодному и жадному Ян Даши, попробовать помогать в возрождении?» В написанном Цзя Сысе «Требования унификации народа», описывается технология приготовления лепешки взятый из «Канонических книг пищи», очевидно, что в китайском рецепте лепешка имеет древнюю историю. В Синьцзяне есть такая частушка: «Если один день не кушать лепешку, то сердце волнуется, два дня не кушать лепешку, то ноги дрожат от страха, три дня не кушать лепешку, то сметь повысить голос на отца, четыре дня не кушать лепешку, то готов разрушить прогон, пять дней не кушать лепешку, то можно попасть в могилу». Очевидно, в жизни населения Синьцзяна, лепешка занимает очень важное место. В деревнях, крестьяне работая на полях, обычно они передвигались на ослах или пешком, чтобы не возвращаться домой они обед привозили собой, лепешка являлся их главной обеденной едой. Перед обедом, крестьяне брали лепешку из пояса, ложили в чистую воду канала, вытекающей из глубины Тянь-шаня, лепешка постепенно плавая на воде смягчалось. А в это время крестьяне отдыхали под тополями и изгоняли усталость с тела. Лепешка поплавав в воде становилась теплой и мягкой. Кушали лепешку со свежими овощами сорванными из грядок, также ели с арбузом, в одной руке держа лепешку, в другой руке овощи и фрукты, они ели с большим аппетитом, это являлось простым зелёным обедом. После обеда они распевали песни, которая звучала и просачивалась сквозь высоких тополей. Тогда оазис наполнялся радостью и удовольствием.

Почему люди любят лепешку? По истечению долгого времени, живя в Синьцзяне, я постепенно понимаю, что лепешка является не только печеннойпампушкой, но и сознание людей об определённой сфере жизни Синьцзяна, является кристаллизацией ума, полученной из эволюционного периода жизни. Помнится как-то раз я уехал в командировку в Шанхай, среди нас больше десяти человек являлись из числа национальных меньшинств. В связи с продолжительностью пребывания в командировке они перед отправлением в путь брали с собой много лепешек и лапши мгновенного приготовления. В пути следования их главной едой являлось лепешка сычуаньская горчица, кроме того яйца или свежие овощи и фрукты. Во время еды они само собой тихо напевали куплеты песни: «Наш Синьцзян является хорошим местом», «Анархань, мои чёрные глаза», «Девушка из Дабаньчэна» и другие широко известные, звонкие народные песни Синьцзяна. Хотя в ходе командировки приходиться терпеть от усталости путешествовать, несмотря на то что, в Шанхае мусульманских продуктов мало, они между собой сохраняли хорошие отношения, принимали эту командировку как шанс расширения взглядов и воспитания нрава. Их улыбка, часто бросалась нам, может быть это было проявлением их внутреннего отношения к нам, в место слов. Для них, если в жизни есть лепешка и чай, то значит, что жизнь имеет поддержку. Есть родную лепешку значит, что во рту и в душе иметь вкус родного солнца, почвы и снежной воды, отправляться в дальнюю дорогу с лепешкой, это значит, отправляться с частицей родины. А что может быть ещё счастливее, чем путешествовать вместе с родным запахом?

С непрерывным прогрессом общества, требования людей

ко вкусу всё больше склоняется к плюрализму. Большинство людей стремятся к редкому вкусу еды, но будучи немножко упрямым я думаю, что лепешка с крепким ароматом пшеницы является самой истинной, надежной и теплой едой. Она не только насытит живот, но и укажет истоки мудрости жизни и продвижение элементарных традиций.

Лепешка является круглой пампушкой, её обычный метод похож на китайский корж, принимают муку как главное сырьё (обычно бродильная мука), но в место щелочи, добовляют немножко соли. Самая большая лепешка является лепешкой Куча «Эманьк», середина тонкая, край немножко толстый, размер как колесо, в центре есть много узоров, диаметр достигает 40-50 см. Каждой лепешке требуется около килограмма муки. Лепешка Куча «Эманьк» не только является самой большой тонкой лепешкой, но и входит в популярный крупнометражный

Лепешки

Уличная лавка выпеченных лепешек на улице

документальный фильм центральной телевизионной станции – «Китай на языке». Программа расскрывает появление лепешки и примером объясняет, как пшеница из Западной Азии входит в Китай, демонстрирует получение удовлетворения людьми от лепешки в пище. Самая маленькая лепешка является лепешкой «Токси», она тонкая и красивая, диаметр как амбразура чайного стакана, толщина около 2 см, ещё и меньше, принимается как десерт, цвет жёлтый и красивый, ароматный, вкус сладкий и питательный. Ещё есть и лепешка «Гезид», китайский товарищ называет её лепешка «Вово», она получило такое имя потому что, в центре её имеются углубления. Она является самой толстой лепешкой. От того, что размер лепешки «Гезид» маленький, оно хорошо сохраняется, удобен в переноске, поэтому большинство уйгуров любят такую лепешку с гладкой поверхностью и жёлтым

Большая лепешка патир в Куча

Лепешка Вово

цветом. А уйгуры в области Кашгар владеют самой высокой квалификацией приготовления лепешки, их метод приготовления лепешки нельзя назвать «растягивать», нельзя назвать «месить», а надо называть «бить». Это слово «бить» образно показывает сущность приготовления лепешки уйгуров. Сейчас лепешка уйгуров включена в число регистров следствия нематериальной культуры второй группы Уйгурского Автономного Региона Синьцзяна, искусство приготовления лепешки получает защиту от передачи и унаследования.

При приготовлении лепешки уйгуры используют не только бродильную муку, но и небродильную муку. Лепешка «Какци» и лепешка «Питр» приготовлены из пресного теста. В неё ещё добавляют ланолин или съедобное растительное масло, после этого, тесто тонко растягивают, потом пекут. Лепешка «Катма» тоже приготовлена из пресного теста и масла, но способ приготовления более тонкая, крутят слой тесто со слоем масла, после чего, тесто тонко раскатывают, потом пекут. Эти лепешки имеют вкусную, хрупкую, рассыпчатую, долго сохраняющуюся и другую специфику, их ещё называют масляной лепешкой. По праздникам или радостным событиям, для угощения гостей уйгуры часто готовят такие лепешки. Если побывать в гостях в семьях уйгуров в уезде Куча, они в центр стола сложат лепешки с больших до маленьких, подобно башни, положат, это пусть вас не смущает, вы пробуете и расширяйте свой кругозор. На поверхность обычной лепешки необходимо положить репчатый лук и кунжут, это не только красиво но и вкусно. Ещё и другая сладкая лепешка называется «Сикмань», для приготовления необходимо поверхность лепешки равномерно смазать холодной водой разведенную с сахаром, после выпечки образуется прозрачный кристалл сладкого леденца, под лучами солнца она становится прозрачной.

Лепешка свидетельствует тысячелетнюю историю населения западных стран, люди приукрашивают и передают от поколения в поколение историю лепешки. Сейчас всё больше и больше разновидностей лепешек. Но среди многих видов лепешек самыми вкусными лепешками являются лепешка «Госи» и лепешка «Госигерд». Лепешка «Госи» означает лепешку с мясом, способ его приготовления довольно прост, сначала прокисшее (поднятое) тесто тонко растягивается, потом режутся в мелкие формы барабана, добавляют репчатый лук, соль, порошок тминового кмина, молотый перец и другие приправы, потом заворачивают, расплющивают и раскатывают, после чего лепят в тонур и пекут лепешки, примерно

Мясная лепешка

Улица Хотана

десять минут и лепешки готовы. Имеется и другой способ приготовления: сначала необходимо раскатать тесто в два круглых блина, диаметром 30-40 см, равномерно выложить на один из блинов приготовленную заранее мясную начинку, после чего второй раскатанный блин одинакового размера положить поверх первого блина с начинкой и края зажать красивыми узорами, необходимо избежать от вываливания мясной начинки в наружу, готовое тесто положить в масляный котел жарить до получения золотистого цвета с обеих сторон. После приготовления нарезать и выложить на тарелку, приятного аппетита! Вкусы мясных лепешек выпеченных в тонуре и лепешек пожаренных на масляном котле разные. Мясная лепешка выпеченная в тонуре меньше лепешки обжаренного на масляном котле, кроме того, кожа толстая и начинки намного меньше. Приготовленную любыми способами лепешку «Госи» всегда есть приятно и вкусно.

Лепешка «Госигерд» является лепешкой «Вово» с мясной начинкой. Фигура этой выпеченная в тонуре лепешки похожа на пышку, диаметр 12-13 см, высота 7-8 см. На вкус приятный и вкусный, масляный, но не жирный, называется особым деликатесом Хотан. Хотан расположенный на южной окраине Синьцзяна, известен в Китае и за рубежом своими богатыми и красивыми яшмами. Я побывав в Хотане, слышал как народ уйгуров там пели такую народную песню: «Вода является водой со снежной горы, мясо является свежим мясом овцы, лук репчатый только что был собран с огорода. Попробуйте Госигерд из таких начинок с Юйлункаши». Поэтому приехав в Хотан, местный житель обязательно вас проводит туда где можно попробовать лепешку «Госигерд». Компонентами дляприготовления изысканного «Госигерд», являются свежая не жирная баранина Хотана и жир, кусок мяса с репчатым лукомумеренно сочетаются, при этом репчатого лука лучше добавлять немного, только так можно получить изящный вкус. Ещё один очень важный момент, необходимо твёрдо помнить о том, что лепешки готовятся на дровах. Только так, огнем в тонуре пекут и готовят лепешки «Госигерд» доводя до золотистого цвета и прекрасного вкуса. Традиционный «Госигерд» называется «Бело-чёрный Госигерд», в её начинку преимущественно принимается свежая баранина, лук репчатый, молотый перец и соль. Летом в начинку ещё и

Лепешке в форме инструментов

добавляют свежий перец и томат, это делает вкус прекрасным, люди называют такую новаторскую «Госигерд» «цветой Госигерд». И традиционная «Госигерд», и новаторская «Госигерд» являются вкусными деликатесами.

О Хотане в Ханьской книге «биография западных стран» есть такая запись: «Все они выращивают хлебные злаки, но земля, трава и дерево, продукты животноводства и по их битвам они немножко похожи на династию Хань». Это значит то, что издавне в районе Хотан уже разводили овец. Кроме того, изящный вкус деликатеса Хотана – «Госигэрд» приготовленную по традиционную технологией, ещё тесно связывают с качеством баранины Хотана. Овца Хотана пасется на относительно экологически чистой сфере пустынной и полупустынной степи, является гетерогенным полугрубошерстной овцой с коротким свиным хвостом. Её шерсть густая, длинная и ровная, имеет хорошую упругость, блеск и белизну, известна как продуктивное сырье для качественного ковра. Овца Хотана пасется и питается травами Хэтоу, Юймао, Цзиньцзир и другими солевыми и щелочными растениями, что делает баранину нежным и нежирным. Может быть, это и есть одна причина, что лепешка «Госигэрд» Хотана являетя вкусной!

Большинство лепешек уйгуров пекутся в тонуре (яма для выпечки лепешек). Тонур можно установить во дворике или у ворот, в качестве топлива обычно используются дрова, сейчас можно встретить использование антрацитов. От того, что места, форма и материал тонура разные, каждая лепешка имеет свою специфику. Размер тонура для лепешек зависит от количества членов семьи, обычно подразделяется на большой, средний и маленькие размеры. Тонур обычно состоит из шерсти и глины, высота около метра, фигура как большой перевернутый чан для воды с большим брюхом и маленькой амбразурой, на дне имеется горелка и сапун. Обычно тонур имеет землебитную структуру, вокруг тонура оборудуют квадратную земляную платформу с саманом для того, чтобы персонал, могли укладывать там выпеченные лепешки. Некоторые районы на южном Синьцзяне в качестве сырца для тонура используют местную селитряную землю, население в районе Урумчи и других городах в качестве сырца для тонура используют кирпич. В деревнях и селах, во всех семьях имеется тонур и каждая женщина умеет приготовить лепешки. Кроме выпечки лепешек, уйгуры тонур используют для поджарки баранины или копытца овцы. Когда температура в тонуре достигает до температуры приготовления лепешки, обычно в неё брызгают соленную воду, причины две: во первых немножко снижается температура, что даёт избежать пригорания лепешки, во вторых повышается вязкость стенок тонура и сырые лепешки хорошо лепятся, необходимо ибегать выпадения лепешек со стенок тонура. В целях, сохранения относительно стабильную температуру в тонуре используется отдушина и воздухоприемник которым и регулируется температура тонура.

20-ого апреля 2004 года, оборудованный в парке флирта Вацзы канавы Винограды города Турфан тонур признана «самым большим тонуром в мире». Этот тонур для выпечки лепешек оборудован на склоне парка, диаметром 10 м, высотой 8 м, выглядит как комната, в нем не только можно выпекать лепешки, в то же время и можно жарить одного верблюда, две коровы и десять овец, одновременно можно накормить сто человек. В каждом году в Турфане устраивается праздник винограда, это привлекает множество туристов. В тонуре можно приготовить разные блюда, это прославляет праздник винограда.

В некоторых случаях, лепешка ещё и выражает особое значение. Уйгуры принимают лепешку как символ талисмана-сувенира и счастья. Например, когда парень сватает девушку, при первом свидании приносится не только ткань, соль и

Канава Виноградника

рафинатный сахар как подношения, но и преподносятся пять лепешек. На брачном обряде девушке дают держать на подносе чашу с соленой водой, после чего в эту чашу ложат две маленькие лепешки. Девушка находится между женихом и невестой, а те свою очередь, соревнуются между собой кто раньше без помощи рук выловит из чаши с соленой водой лепешечку, это символизирует жить вместе делясь и сладостью и горем, в мире и согласии до седых волос. В это время, жених и невеста гонятся выловить лепешку из чашки. Кто первым выловит лепешку значит тот непоколебимо верен в любви. «Когда надо действовать, то надо действовать», гонка за лепешкой становится первым развлечением на свадьбе.

Необходимо упомянуть об известной синьцзянской

особенной закуске – лепешки с мясом. Она относится к виду популярной закуски, его готовят и падают на различных мероприятиях, подавать его принято не только на мусульманский стол, но и принято подавать как известное блюдо

Лепешка с мясом

китайским и зарубежным гостям. Лепешка с мясом, это деликатес местного вкуса, представляющий специфику синьцзянского традиционного народа, его можно кушать в любом месте Синьцзяна. В зависимости от способов и методов приготовления лепешек с мясом, имеются разновидности по виду и вкусу. В моей памяти, по своему необычному вкусу и ароматом которое остается на долго, самой вкусной лепешкой Синьцзяне является лепешка с мясом Хонтана.

С каждым днем по мере улучшения уровня жизни, люди глубже и шире познают значимость и влияние лепешки. Выжимки из истории появления и приготовления лепешки, докатившие до наших дней, дают нам знать и наслаждаться развитием человечества в различных эпохах и территориях, их культурой, традициями и нравами. Лепешка уже становится любимым продуктом наций Синьцзяна. Солнце, летающие из тонура лепешки, показывает красоту и стабильность жизни!

Свежий и острый жареный шашлык

«Жареный шашлык! Попробуйте синьцзянский шашлык!» 1986 году по центральному телевидению показанная миниатюра «Жареный шашлык», исполненная Чэнь Пэйсы и Чжу Шимао, этот синьцзянский продукт приготовленный из мяса

Жареный шашлык   Мясо на стойке

вызвал большой резонанс и сразу стал пользоваться большой популярностью во всей стране, детонировав китайским литературным языком он быстро распространился.

Проследить историю жареного шашлыка очень трудно, примерные гипотезы показывают что, после глобального пожара человечество, попробовав жареное мясо диких зверей начало есть только жареное мясо. Тогда не было ни инструментов, ни каких либо добавок к жареному на естественном огне мясе. По записям из некоторых китайских исторических материалов известно, что древние люди имели страсть к «жареному», «жженому» мясу. В первых могилах Мавандуя захороненных при династии западной Хань, были найдены писания о пище тех времен, в том числе имеются данные о «жареной говядине», «жареного ребра собаки», «жареного оленя», «жареной курицы» и другие жареные мяса животных. Особенно показанная на картине повара, которую извлекли из могилы поколений при династии Восточной Хань в Лянтай уезда Чжучэн провинции Шаньдун, процесс жарения мяса тесно связывают с нынешним жареным мясом Синьцзяна.

Жареный шашлык, в языке уйгуров называется «Кавафу». В Синьцзяне существует множество способов жарения мяса, жареное мясо с китайским гребенщиком, мясо в тонуре, жареное мясо на стойке и т.д., но предпочтение преимущественно отдается жареному шашлыку. По истечению времени, жареное мясо приобрело свое новаторство. Кроме обычного жареного шашлыка, имеются ещё и шашлык на бамбуковых палочках, шашлык пропитанный маслом, во всех случаях заготовки их схожие. Иногда перед жарением для того, чтобы баранина получилось мягкой, можно смочить её в яичном белке и с помощью светопорошка размешать в в густую клееобразную массу. Как не улучшай и не обновляй метод приготовления шашлыка, традиционный жареный шашлык уйгуров остаётся лучшим и богатым со своими спецификами, он даже в сочетании с другими продуктами является вкусным блюдом для угощения гостей.

Почему вкус синьцзянского жареного шашлыка такой особенный? По-моему, настоящие причин имеется два. Первая, сорт синьцзянской баранины хороший, это тесно связывается с условиями воды и травы Синьцзяна в котором он питается и растет. В народе Синьцзяна популярен такой отрезок из шуточного диалога: «Овца в Синьцзяне пасется на золотых лугах, кушает целебные травы китайской медицины, пьёт

Разновидности шашлыка

Жареный шашлык

Подготовка мяса к шашлыку   Жареное мясо

минеральную воду, поэтому его мясо вкусное. Всё тело овцы в Синьцзяне ценное, он испражняется Лю-вэйди-хуан-вань, пилюля из ингредиентов шести помогает при разных болезнях. Даже из свежей баранины не будет бараного запаха, эй-эй, почему ты не кушаешь?» Каждый раз, слышав этот отрезок из шуточного диалога, я как житель Синьцзяна, очень горжусь. Такая гордость имеет свои причины: во первых, сорт корма и условия кормления синцзянской овцы различаются от кормления овца выращенного искусственным способом во внутренних районах, и поэтому вкус её мяса необычный. Во вторых, в синьцзянский жареный шашлык добавляют необычную подливу – тминовый кмин. Тминовый кмин (транскрипция Zire в языке уйгуров) ещё и называется спокойный анис, дикий анис, после того, как растереть в порошок, вкус и вкусовые ощущения необычные, богат крепким и ароматным запахом. Он является первоклассной приправой горения и жарения и для других продуктов. Обработав баранину с помощью порошка тминового кмина можно удалить дурной запах, снизить жирность и превратить мясо в более свежее и ароматное, это поднимет аппетит. Эти два высокоодаренные условия другие районы не имеют.

«Жареное мясо, жареное мясо, свежее жареное мясо! Не проходите мимо и не пропустите…» на улицах Синьцзяна, вы в любое время можете слышать непрерывный крик парня уйгуров, кто продаёт жареное мясо. Они режут свежую баранину в мелкий кусок, отдельно режут жирное мясо и нежирное мясо, потом перемешивают и насаживают резаные куски баранины на железный бур. Изюминка перемешивания мяса состоит в сочетании жирного мяса и нежирного мяса, это просто, насаживают на штык (шампур) по принципу два нежирных куска мяса и один жирный кусок мяса. Такое сочетание при употреблении готового шашлыка не даёт чувствовать жир на шашлыке, а даже наоборот даёт вкусное ощущение легкого масла! Насаженное перемешанное мясо на шампур выкладывают на специальную стойку (мангал) и готовят шашлык на древесном угле. Потом, когда вы слышите звук потрескивания жареного мяса, необходимо равномерно посолить и посыпать тминового кмина. Во время на жарение необходимо обжаривать с обеих сторон прокручивая время от времени, в противном случае можно не дожарить и получится шашлык недозрелым. В процессе жарения, необходимо непрерывно обмахиваться веером, при этом древесный уголь под жарящим мясом с каждым взмахиванием накаливается и не дымится. От распространяющегося аромата шашлыка не каждый прохожий по чуяв запах сможет пройти мимо, даже сытым людям не терпится сесть и попробовать. Иногда для получения ещё более необычного вкуса, заказывают пару лепешек вместе с шашлыком, на одну лепешку ложат шашлык, прикрывая второй лепешкой, вынимают железный бур (шомпур) и едят мясо с лепешкой. Со временем шашлык и способ его приготовления тоже эволюционировал. Для того чтобы, накормить шашлыком быстро и как можно больше людей при этом, соблюдая все требования гигиены и удобства, повара придумывают все более изощренные методы приготовления. Если говорить с точки зрения науки, шашлык, приготовленный на древесном угле, хотя

имеет запах гари и сажи является диетической едой. Хорошо приготовленный шашлык не только имеет приятный красный и яркий цвет, но вкус у него необычно изящный. Честно говоря, пишу об этом, а у самого слюни растекаются!

В Синьцзяне, ни как в городе и деревни, жареный шашлык можно увидеть везде, на рынках и даже во дворах. Очевидно, он привлекает к себе обширных народных масс. В провинциях внутреннего района, большинство Синьцзянцев устанавливают лотки (мангалы) для жарения шашлыка из баранины и кричат, обращая внимание на себя прохожих: «Синьцзянский шашлык из мяса барашка, не женатого (не спаренного) барашка…», такими юмористическими выражениями они привлекают всех к своему бизнесу. Среди жителей Синьцзяна, кто занимается продажей шашлыка, есть такой Шаланцзы, живет он не богато, так как он помогает другим, в том числе малоимущим и занимается благотворительностью, народ Синьцзяна о нем тепло отзывается, называя его «Хороший Балан», Гуйчжоуский народ называет его «филантроп жарения шашлыка». Он является мужчиной уйгуров Синьцзяна и звать его Алим. Вот уже десять лет он помогает малоимущим молодым людям субсидироваться с помощью скромного дохода вырученного от продажи шашлыка, ряды таких людей составляет более десяти тысяч человек. 20-ого апреля 2013 года, в уезде Лушань Яань провинции Сычуань произошло 7,0 бальное землетрясение. Алим со своими товарищами всю ночь напролет приготовили 2.000 лепешек и привезли в район бедствия в качестве безвозмездной помощи, из Урумчи в район бедствия они привезли не только еду, но и теплую любовь, и сильную поддержку всех национальностей народа Синьцзян.

В Синьцзяне, по своеобразию и способам приготовления, а также вкусовым качествам каждый район имеет свой жареный шашлык. Самым ранним и первоначальным шашлыком является жареное мясо на китайском гребенщике. Китайский гребенщик является засухоустойчивым обычным растением, которое встречается в пустынных местностях, а также широко распространен в Синьцзяне, Внутренней Монголии, Ганьсу и других районах нашей страны. По внешности корки его ветвей и стволов имеют красноватый оттенок, листья похожи на листья ивы, осенью рассветает розовыми цветками, в это время, розовые лепестки, застилая подножья деревьев, преображают пустыню. Может быть, поэтому и назвали его китайским гребенщиком. Судя по названию, шашлык на китайском гребенщике, означает следующее: ветку китайского гребенщика толщиной с мизинец, нарезают длиной 60-70 сантиметров, далее на эти веточки насаживают готовые перемешанные куски мяса размером примерно как шарик настольного тенниса и жарят как обычный шашлык. В процессе жарения, выплавляющийся жир с китайского гребенщика придает мясу необычный аромат и

Лавки закусок Базара

Оживленное зрелище приготовления шашлыка

это делает мясо нежным. По внешности шашлык с китайским гребенщиком похож на рассыпчатую и хрупкую штуку, но откусив мясо, вы почувствуете сочность и нежность, вкус первоклассный.

Ещё имеется шашлык под названием «Митркавафу» (означает шашлык длиной с метра), такой крупный шашлык готовят в уездах Каракаш, Куча, на рынке Эрдаоцяо города Урумчи и в других местах. Если хорошо подумать, то, наверное, самым классическим шашлыком является шашлык, который готовят в уезде Куча южного Синьцзяна. Киски мяса такого шашлыка по величине и по длине в два раза больше обычного шашлыка. На буре, длиной с метр, насажены более десяти мясных кусков, если взвесить то, вес того выйдет больше половины килограмма, вкус изящный и приятный. Если в придачу к шашлыку заказать еще тарелку желтой лапши и кушать вместе, то, остро-кислый и крепкий аромат мяса будут щекотать ваши нервы, от всего этого вы получите большое удовольствие, что останется приятным воспоминанием в дальнейшем.

Поговорка гласит: «Приехав Синьцзян и не посетить Кашгар, это значит, вы не были Синьцзяне, а приехав в Кашгар, не попробовать приготовленного в тонуре мяса, это значит приехал напрасно». Отсюда очевиден факт, возвеличия приготовленного в тонуре (в яме для выпечки лепешек) мяса в Кашгаре Синьцзяна. В качестве настоящего представителя Синьцзяна, я впервые посетил Кашгар в 2005 году. Кашгар является самым большим городом южного Синьцзяна, там имеются множество разновидностей. Множество разновидностей деликатесов можно увидеть в разгар сезона сбора урожая золотых фруктов. Провожая нас, мы с местными друзьями, пришли в маленький магазин, который находился за

Мясо из тонура

мечетью Этинэр. Благодаря тому, что мы пришли пораньше, нам не пришлось долго ждать, но через некоторое время мы увидели, что за дверями образовалась длинная очередь. На стойке у входа в магазин, висел зарезанный и очищенный от шкуры и внутренностей баран, а рядом высотой превышающего 1 метра был оборудован тонур. Магазин был маленький, больше похож на другие рестораны в Синьцзяне, немножко беспорядочный. Сидя за столом ожидая шашлыка, мы пили чай, наслаждаясь ароматом тминового кмина и готовящегося мяса, и мечтая поскорее попробовать это жареное мясо на тонуре. Настроение очень хорошее! От любопытства, я вышел посмотреть, как хозяин жарит мясо в тонуре. Выйдя, я был свидетелем как хозяин, держа нож Янгисар в руке разделывал баранину на довольно крупные куски размеров с кулак мяса, после чего размешивал их с яйцом, куркумой, молотым перцем, порошком тминового кмина, солью, качественной мукой и другими больше десяти разновидностями пряностей и приправ. Полученную

массу, он равномерно наносил на кусочки мяса, после чего, перемешивая, мясо насаживал на шампур, приготовив необходимое количество шашлыков он вывесил их во внутрь уже готового для выпечки тонура, развесив шашлыки в тонуре он закрыл входную часть тонура и жарил шашлыки. Через 30 минут, когда хозяин открыл

Мясо на стойке

тонур, выходящий аромат с тонура так разнесся, что можно красить ею «Шилисян». Жирный, не много желтоватый и на вид сыроватый кусок баранины радовали глаза. Я в тот же час взял один кусочек шашлыка и попробовал, не смотря на внешне обгорелый вид, внутренность мяса была сочной, мягкой и очень ароматной!

Если говорить о мясе в тонуре, но нельзя не упомянуть

о мясе на стойке, которое относится императорским деликатесам. В Кашгаре, везде можно встретить лоток (мангал) для жарения мяса, готовится это блюдо во всех больших и маленьких ресторанах. Но, по словам моего друга, если хотеть кушать настоящее мясо на стойке, надо поехать в Давакунь уезда Юепуху Кашгара. Местные люди поговаривали, что у Давакунь есть красивая легенда: «В конце третьего века, король Телиму с дочерью Давакунь искали воду для народа, копали они много дней на краю пустыни, но у них ничего не получалось. Поэтому Давакунь скрытно от отца, ночью сама начала копать, в конце концов, выкопала воду и сама превратилась в воду озера». Это драгоценное озеро является известной пустынной достопримечательностью Давакуня, расположенного на территории уезда Юепуху Кашгарского района. Кроме поэтичного западного пейзажа, людей привлекает ещё и вкусный, необычный аромат мяса на стойке. Мясо на стойке имеет широкое распространение в народе Юепуху, с тех пор, вкус и метод жарения мяса на стойке претерпел много изменений и стал разнообразным, весь смысл приготовления вкусного мяса, заключается в искусном его солений и самой стойки для мяса. Для приготовления мяса на стойке, необходимо подобрать мясо, оно должно быть молодой овцы и нежирное, ножом Янгисар мясо нарезается тонкими ломтиками, нарезанное мясо замачивают в специальной местной подливе, солят, перча, настаивают 25 минут и насаживают на стойку. Стойку размещают вертикально в тонур и жарят. При таком способе приготовления, в отличие от других мясо не коптится и не пережаривается, при определенной температуре мясо обжаривается равномерно, всего 20 минут и мясо готово. Цвет мяса становится золотым, аромат мяса распространяется и заливается на всю комнату. Осеннее путешествие в Кашгаре, мясо на стойке в Давакунь оставил у меня глубокое впечатление.

Причина не в том, что мясо на стойке намного изящнее и вкуснее, чем мясо из тонура, а в том, что сосуд, содержащий мясо на стойке, не является обычной чашкой, тарелкой, тазом, а является металлической стойкой с необычной фигурой.

Пирамида на столе

Говорят, 1.000 лет назад, был доктор Абу Али Ибн Сина. В последние годы жизни он ослабел, принимал много лекарства, но не помогало. Потом он выработал продовольственную терапию, основанную на рисе. Он выбрал баранину, морковь, лук репчатый, растительное масло, ланолин и рис, потом добавил воду, посолил и все это тушил на мелком огне. Приготовленный рис имел золотистый цвет, аромат и вкус получился такой что, у людей возбуждал аппетит. Он кушал по чашке утром и вечером, после половины месяца, его здоровье постепенно поправилось. Все удивились, считали, что он принял какой-то чудесное лекарство. После чего, он передал этот рецепт другим, один передал десятерым, десять человек передали сотне, и стало это блюдо нынешним пилавом. Поэт при династии Цин Сяо Сюн в «Питание» писал: «Пилав, зерна риса золотые вкус ароматный, готовят его говядиной и бараниной. К сожалению, палочками есть нельзя, едят его одной рукой». В нём он упоминал «пилав». В комментарии писатель сказал: «Рукой взять еду и кушать, это называется пилав. В знак уважения гостям и на праздниках готовят пилав». Как бы ни было это легенда стара, в поэзиях династии Цин объясняется то, что пилав в Синьцзяне имеет достаточно длинную историю.

Пилав является главным блюдом приготовленного из риса уйгуров, узбеков и других наций. На языке уйгуров это блюдо называется «Полов», готовится из баранины, риса, растительного масла, моркови, лук репчатый и т.д. которые являются главными компонентами. Готовится это блюдо прожариванием, варкой и тушением этих компонентов. Хорошо приготовленный пилав на вид яркий и в меру жирный, ароматный и питательный. Морковь является главным компонентом пилава, его называют «Маленький женьшень» и «Дишень», в фармакологии описывается, что он имеет свойства укрепления духа, гематоза, способствует слюноотделению и удаляет жажду, успокаивает нервы и повышает умственность. Народ Синьцзяна репчатый лук называет Пияцзы, который является также необходимым компонентом пилава, лук содержит много белков, аминокислоты, сахара, меркаптан, дисульфид, трисульфид и много других элементов. Если говорить со стороны фармакологии, лук имеет функции изгонять простуду, облегчает поверхностный синдром, уменьшает опухали, лечить головную боль и заложение носа, апоплексию, европейские и американские страны называют репчатый лук царицей среди овощей. Мусульманин в Синьцзяне органически сочетает это блюдо приготовленное выше сказанными компонентами, которое является богатым питанием, и образует укрепляющую еду. Поэтому уйгуры называют пилав «Пунэцзы» (питание) мужчины, а китайцы в Синьцзяне называют его «Укрепляющая еда с десятью».

Я давно уже слышал, что в уезде Шуфу района Кашгар есть такой хозяин, его зовут Маймайти Имин и он готовит пилав который передавался от поколения к поколению, но никогда не пробовал. Летом 2008 года, я имел честь поехать

Пилав

Процесс приготовления пилава

в этот уезд, конечно, нельзя пропускать шанс пробовать этот известный пилав. Магазин пилава Маймайти Имин находится на улице Цзиньбачжа, состоит из двух комнат, площадь которого составляет около 90 кв.м. Когда мы доехали, уже наступил полдень, гостей было много. Войдя в магазин, я почувствовал аромат, это еще больше повысил мой аппетит. Этот яркий и масляный пилав действительно необычный, аромат разливался, вкус прекрасный, в тот момент я понял то, что слухи не были преувеличены. Маймайти Имин сказал мне, он является наследником третьего поколения приготовления пилава в семье, первое поколение является его дедушкой Маймайти Жоуцзы, вторым поколением является его отец Цзу Нун Маймайти. Но его дедушка и отец оказались неудачными по сравнению с ним. Вначале Маймайти Имин открыл лавку пилава, имея при себе всего 50 юаней. По своему трудолюбию и сообразительностью, через десять лет, он становится миллионером. Он готовил и продавал пилав, вывесив у входа табличку «Пилав трёх поколений уйгуров», и до сих пор он так и торгует. Когда я спросил его, в чем секрет приготовления такого вкусного пилава. Он смеялся и ответил: «Нет никого секрета, самое главное это хорошие компоненты для пилава. Рис и баранина должны быть свежие, лучше мясо кастрированного барана возраста одного двух лет, надо добавлять растительное масло, а не масло из барранкосов. Вкус пилава зависит количеством мяса, процессом приготовления каждого компонента. Например, количество и время жарения морковки оказывает большое влияние на вкус пилава. Надо положить достаточное количество морковки. В качестве топлива надо использовать дрова из сухих деревьев абрикоса, тутовника, туранги». Я спросил: «Почему использовать дрова как топливо?» Он сказал: «Эти дрова долго горят, огненный жар от них стабильный, легко управлять температурой печи при тушении пилава. Это вывод старших». После кушанья, от любопытства я решил взглянуть на кухню. Войдя в

В ожидании готовности пилава

Нарезание желтой морковки для пилава   Раздача вкусного пилава

кухню, я увидел, что жена Маймайти Имин Ипагули Эцзэцзы разделывала мясо, она отрезала кусок, положила на безмен и взвесила. Я удивился и спросил, почему она так делает. Она сказала: «все платят одинаковые деньги, поэтому все должны кушать одинаковое мясо, и вес каждого куска мяса должен быть одинаковым». Эти три «одинаковые» выражают честность, наверное, это и является причиной хорошего бизнеса его магазина! Гости прибывшие из далека в Синьцзян, не забывайте пробовать «Пилав трёх поколений уйгуров»!

Пилав является известной едой уйгуров Синьцзяна, распространен во всей стране, вкус разный, качество зависит от места, времени и людей. При приготовлении пилава можно использовать мяса баранины, говядины, курицы, улара, яка, верблюда и других животных. Некоторые пилавы готовятся даже без мяса, готовят с изюмом, сухим абрикосом, сухой дыней и другими сухофруктами, такой пилав называют сладкий пилав или вегетарианский пилав, вкус его более необычный. Интересно то, что в зависимости от места и быта, методы приготовления пилава уйгуров в южном Синьцзяне и северном Синьцзяне не совсем одинаковы, и в разные сезоны готовятся разные пилавы. Уйгуры в южном Синьцзяне любят положить на пилав «Бие» (папайю) или яблоко, это делает пилав более легким с фруктовым ароматом. Некоторые к пилаву подают салат из желатиновых вермишелей, капусты, томата, перца и других, это называется «Цайпулао». Кушать пилав с данным салатом просто удобно и вкусно. Еще одним из интересных методов кушанья пилава является кушанье пилава налив на него простоквашу. Этот метод кушанья необычный, хорошая еда утоляющая голод, идеальные деликатесы утоляющие жар. Имеется ещё и другой пилав называется пилав с яйцом, то есть при приготовлении пилава, на пилаве делают ямочку в размере с яйца, потом наливают в эту ямочку яичка. При тушении пилава яйцо пропитывается в рис и получается очень вкусно. В настоящее время в городе самый хороший пилав для угощения гостей является «Асиманьта» – в чашку пилава ложат пять или шесть паровых пирожков с мясной начинкой и тонкой корочкой, его зовут паровые пирожки пилава. Пилав и паровые пирожки с тонкой корочкой являются первоклассными блюдами уйгуров, они вместе – хорошо сочетаются. Хозяин дома готовит такое угощение только тогда когда приходят дорогие гости и хорошие друзья. Будучи в гостях в благовоспитанном обществе не надо избегать от кажущихся не удобств, выражающихся разрезать мясо или погрызть кость, которую вам предложит хозяин дома. Пилав является не только повседневным семейным деликатесом уйгуров, но и идеальная пища для угощения родных и друзей во время праздников, свадеб или похоронных обрядов.

Почему пилав нужно есть рукой? Помню во время учебы в университете, с нами училось много приезжих из таких провинций как Сычуань, Тяньцзинь и других внутренних провинций и городов. Они рассказывали что, перед приездом в Синьцзян, слышали про такое блюдо как «Пилав», и что едят его рукой потому что, Синьцзян находится далеко, местные жители жили там так бедно, что, купить палочки, ложки и другие приспособления у них не хватало средств, а рис, доставался им с большим трудом, и поэтому на одну тарелку риса налетали много людей и кушали его прямо рукой. Я услышав эту историю захохотал, и рассказал им историю происхождение «Пилава». Прежде всего, согласно требований всех обычаев, культур и гигиены перед приемом пищи обязательно необходимо тщательным образом вымыть руки, только после чего можно есть еду, и пилав не является исключением. Чтобы есть пилав рукой необходимо определенные иметь навыки. Большой палец руки прижимается к ладони, остальные четыре пальца тоже прижимаются и ладонь слегка сгибается образуя ковш. После чего пилав берется рукой, предварительно положив на небольшую кучку собранного из риса кусочек мяса, размазывая по краю тарелки образует комок, и этот

Яркий, ароматный и вкусный пилав в котелке

Паровые пирожи (манты) с тонкой корой

Радость при кушаний пилава

образованный комок преподнося ко рту ладонь выпрямляется
и ложится в рот. Если этот процесс выполнить с нарушением,
то можно рассыпать рис. Такое мастерство приходит не сразу,
необходимо долго тренироваться и иметь определенную
практику. Опираться на свои знания в медицине, на пальцах и
ладони людей имеются много сочленений сплетений (точек),
такие как, Лаогун, Чжунчун, Шанян, Шаошан, Юйцзи и другие
более десяти точек. Горячий пилав, проходя через пальцы и
ладонь руки, стимулирует кровообращение, рассасывание
различных воспалительных процессов, вылечивает оцепенелость
пальцев, головную боль, улучшает настроение и повышает
аппетит. Во-вторых, пилав ложат на большую тарелку в виде
большой пирамиды, а сверху золотистого риса ложат мясо.
Обычно на тарелку приходится три человека, которые садятся
кольцом и едят каждый со своей стороны, с чужой стороны есть
не принято. Также не принято оставлять недоевшим в тарелке

Салат с перцем

пилав, обычно доедает пилав самый младший, сидящий за этой тарелкой. В любом случае к пилаву подают все имеющиеся приборы, ложку, палочки и т.д. и каждый может выбрать себе свой прибор и есть с него.

Когда говорим о пилаве Синьцзяна, необходимо упомянуть о салате, которая подается к пилаву, называется этот салат «красная кожа с перцем». «Красная кожа с перцем» в Синьцзяне ещё и имеет другое название – Лаохуцай. В Синьцзяне лук репчатый называют «Пияцзы», салат Лаохуцай состоит из трех овощей: Пияцзы + перец + томат = красная кожа с перцем. Сочетание пилава и Лаохуцай не только питательно и рационально, но и научно доказано о его полезных свойствах. Полезных свойств три: первое, лук репчатый называют царицей среди овощей, которая имеет высокую медицинскую ценность, помогает снизить кровяное давление, препятствует развитию артериосклероза, уменьшает тромб и снижает жир в крови. Кроме того, пилав, приготовленный из баранины, если есть с луком репчатым, тот в свою очередь сбивает специфический запах баранины и жира. Второе, перец содержит гингерол, имеющий функцию разрабатывать слизистую желудка и потовые железы, кроме того, перец богат витамином С. Наконец, томат, фрукты и овощи содержат много ликопина, который повышает аппетит, помогать умягчению жилы лука репчатого, кроме того, предотвращает развитие рака простаты.

Жареная целая овца, внешне рассыпчатая, внутренне свежая

Питание в Синьцзяне имеет свой необычный вкус, большинство названий деликатесов в Синьцзяне начинается со слов «жаренная», например: жареная целая овца, жареный шашлык, жареная лепешка, жареная печень овцы, жареное сердце овцы, жареная тыква, жареное яйцо, жареные воздушные пирожки и т.д. Может быть, вы спросите: в Синьцзяне много вкусных деликатесов, что является «ведущим» из них? Помоему, жареная целая овца достойная! Потому что, жареная целая овца является одним из самых дорогих блюд в Синьцзяне, может соперничать с Пекинской уткой, Гуанчжоуским поросенком с хрустящей кожей. Её цвет жёлтый и яркий, кожа хрустящая, мясо свежее, аромат разливается, вкус восхитительный и свежий. Жареная целая овца является не только деликатесом с местным вкусом, но и первоклассным деликатесом уйгуров для угощения дорогих гостей, это сейчас уже становится одной из фирменных блюд на высоком пиршестве, много китайских

Жареные целые овцы

45

и зарубежных туристов любит её. Недаром один иностранный турист сказал: «Приехав в Синьцзян, не пробуешь жареную целую овцу, Бог обвинит тебя».

Жареная целая овца Синьцзяна является ценным и редким блюдом, которым, высоко поставленные персоны как крупные чиновники и знатные люди, помещики и Баи, угощают своих дорогих гостей по случаям праздников, празднованию дня рождения или другого радостного события. Пиршество становится еще роскошным и богатым с появлением на этом пиршестве жаренная целая овца, поэтому его преподносят в разгар самого пиршества. Сейчас жареная целая овца становится деликатесом на столе народа наций Синьцзяна. На различных сезонных праздниках, в том числе праздниках деликатесов и различных скачках Бачжа, вы можете увидеть, даже если не увидите, то можете почувствовать, привлекающую своим ароматом жареную целую овцу. В ходе путешествия в

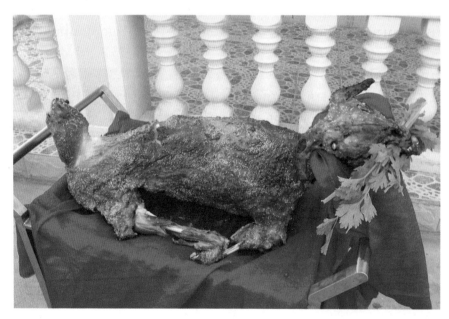

Жареная целая овца

Синьцзяне, если жители Синьцзяня, уйгуры угостят вас жареной целой овцой, это вас пусть не удивляет, это делается для того, чтобы вы возвращались оттуда довольным.

Жареная целая овца, в языке уйгуров называется «Тунуркавафу». По своему необычному вкусу и методом приготовления это блюдо колотит сердца всех людей. Для приготовления, повар выбирает овцу, возраст которого не превышает 1-2 года, состригает с него шерсть, прочищает желудок и кишечник пургативом. Потом повар разжигает костёр в готовом для этого помещении. В готовое помещение заводят овцу, с повышением температуры овце становится жарко и он жаждет пить. Для утоления жажды в помещении для овцы ставят специальную воду, солённую воду с маленьким фенхелем обыкновенным, анисом, желтодревесником и другими парфюмериями. Овца не терпит от жажды, много пьёт.

Этот процесс повторяется несколько раз, в течении 1-2 дней, в результате этого процесса в желудке и кишечнике овцы ничего не остается а выпитый им специальный напиток проникает и распространяется по всему телу. После чего «голодный день» для овцы заканчивается, и «смерть» встречает её. Население Синьцзяна убивает овцу по «шаблонным методам и правилам», а заключается это в том, что убитая овца должна была быть живой и здоровой

Подготовка туши овцы к жарению

овцой, мясо умершей по различным причинам (не зависимо от умирания по болезни, голоде, промерзанию и падению) овцы, они не продают и не едят. Это и гарантия того, что вы кушаете свежее и здоровое мясо.

После забивания овцы и снятия шкуры, отделяют копыта и очищают внутренности, тщательно промывают внутренность от крови и прочищают кишечник от других отходов, оставляют для того чтобы вода оттекла, после чего острым ножом начинают разделывать тушу овцы. После разделывания, овцу ложат в маринованную воду и настаивают для маринования примерно два часа. Потом размазывают тушу, овцы яйцом, порошком куркумы, мукой, крахмалят, солят, перчат и добавляют порошок тминового кмина. Промаринованную тушу, овцы насаживают с головы до хвоста через грудную полость на железный штырь диаметром 4 см, длиной около 1,5 м (длина зависит от высоты тонура) отстаивают, для того чтобы жидкость вся вытекла.

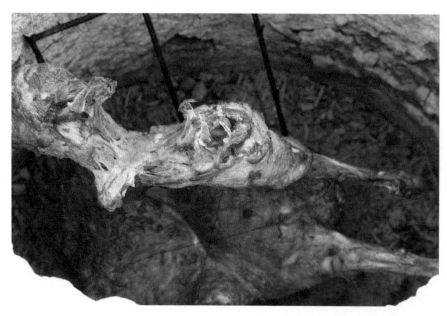

Готовая жареная целая овца

После чего в течении 20 минут коптят чтобы окончательно высушить тушу овцы. Установить тонур, растопить её дровами фруктовых деревьев или антрацитом. Даже в самой простой деревне Синьцзяна, уйгуры знают лишь один принцип: никогда не использовать в качестве твердого топлива живые фруктовые деревья, необходимо срубать с них старые высохшие ветви и их использовать в качестве дров. Потом для того чтобы высушить тушу овцы, размещают ее в тонур головой вниз. Подержав в тонуре около 2 минут, как только высохнет (это можно определить по цвету туши овцы), тонур закрывается сверху листом железа, необходимо обратить внимание на то чтобы в тонуре дрова не возгорались открытым пламенем. После определенного времени необходимо открыть тонур и тушу овцы установить поперёк горловины тонура, так чтобы штырь, на которую насажена туша овцы была закреплена по краям тонура, побрызгав немного соленой водой внутрь тонура, закрывают его листом железа и герметизируют мокрой бумажной материей и тушат около 1,5 часа (в это время температура в тонуре снижается приблизительно до 100℃). Открыть покрышку тонура и посмотреть, когда мясо белое, поверхность красная, это значит, что целая туша овцы готова к употреблению.

После приготовления целой овцы, перед тем, как её положить на вагон-ресторан, надо украсить её. Голову овцы оборачивают красным декоративным шёлковым полотнищем в узел, в челюсти ложат кориандр или сельдерей, так как будто живая овца, лежа кушает траву. Один только вид этой желтоватой и светящийся от масла изобразительной фигуры овцы, привлекает людей и повышает им аппетит. От туши можно самому отрезать кусок мяса или можно попросить официанта, чтобы он вам отрезал кусочек и, положив на тарелку, преподнес ее к вам на стол с необходимым к нему соусом или подливой, вкус необычный и восхитительный, а

мясо получается необыкновенно нежным.

Жареная целая овца Синьцзяна является самой хорошей в Китае, самая хорошая жареная целая овца Синьцзяна является жареной целой овцой в Бачжоу, а истоки жареной целой овцы Бачжоу находятся в уезде Вэйли. Жареная целая овца в уезде Вэйли известна всему миру, кроме причины в технологии приготовления, ещё и тесно связывают его с качеством овцы. Местный друг сказал мне: «Я не смею говорить об овце в других метах Синьцзяна, овца в Вэйли принимает овцу Лопу как представитель, она преимущественно кушает одно из китайских лекарства – солодки, глубоватого лена – многолетний чай снижения давление Синьцзяна, ещё и лист дерева туранги на тысячи лет». Действительно, сорт овцы Синьцзяна хороший, такой метод кормления дает мясу овцы Вэйли природную свежесть, без бараньего запаха. Недаром в Синьцзяне популярно выражение «овца в Вэйли вкусная во всем мире».

Жареная целая овца издавна считается хорошим деликатесом для угощения дорогих гостей, а жареная целая овца в уезде Вэйли Синьцзяна является самой хорошей. В уезде Вэйли, говоря о жареной целой овце, народ естественно скажет вам: «Жареная целая овца Якси Сяопалан!» На языке уйгуров, «Сяопалан» значит ребёнок или парень. Помоему, так называют для того, чтобы людям было понятно, что это ягненок! Так как, мясо ягненка нежное, поэтому вкус прекрасный. Кроме того, оно готовится в тонуре, на основе традиционной тысячелетней технологии уйгуров, добавив специальную подливу, такое прекрасное сочетание традиционной технологии и современной техники обработки продуктов, ягненок после жарения более свежий и вкусный. Для того, чтобы народу Синьцзяна можно было есть самую известную пищу из Сяопалана, 9-ого июля 2002 года, получив разрешение научно-технического управления Бачжоу, в Вэйли

Жареная целая овца в ресторане

образовалась компания с ограниченной ответственностью по приготовлению продуктов по традиционным технологиям. Главными продуктами компании является жареный целый ягненок марки «Сяопалан», тушеная говядина и баранина, высушенные необычные сухофрукты Синьцзяна. Для того, чтобы люди больше узнавали о своих продуктах, эта компания открыла свой дом в интернете, открыла сайт жареной целой овцы Сяопалан, и через сеть пропагандирует и продает. Сейчас продукты «Сяопалан» продаются и в магазине, и можно заказать через интернет, после обработки путем вакуумного сжатия, овцу можно безопасно доставить на стол народа по всей стране. Говорят, через интернет узнают и покупают жареную целую овцу Сяопалан ежедневно больше 300 штук, годовой сбытовой оборот продуктов составляет больше десяти тысяч. Продукты этой компании занимают 30% рынка жареного мяса в Пекине,

конкурирует с турецким жареным мясом международной марки. Если вы приедёте в Синьцзян, обязательно приезжайте в уезд Вэйли и пробуйте жареную целую овцу, только что с тонура! Мясо жареной целой овцы нежное и вкусное, плюс аромат с ямы, это имеет своеобразный вкус!

Курица в больших тазах с «ремнем»

Говорят: «Не приехать в Синьцзян, не знать своего сокровища». Действительно, всем известно, что земля в Синьцзяне обширная, ресурсы в Синьцзяне богатые, множество сокровищ удивило людей. Но Синьцзян имеет свой оригинал, например, «18 чуд» в Синьцзяне удивилось. Те, кто ещё не побывал в Синьцзяне, наверно чувствует немножко неуверенности. На самом деле, те, кто побывали в Синьцзяне, знают, что эти вещи просто некоторые природные явления Синьцзяна, фольклор и обычаи. Конечно, «18 чуд» ещё и напоминает друзей, кто путешествует в Синьцзяне, обращает внимание на подготовительную работу путешествия.

Из «18 чуд» Синьцзяна есть одно чудо «большое блюдо с кусочками курятины в ремне». Друг спросил: «Как положить ремень на курицу в больших тазах?» В самом деле, этот «ремень» не ремень на поясе, а особенный метод кушанья курицы в больших тазах Синьцзяна. После того, как скушают курицу в больших тазах в ресторане, хозяин поставит тарелку широкой и тонкой ременчатой лапши как ремень, нальет в курицу на больших тазах, размешает с курицей на больших тазах. Тот час ременчатая лапша превращает в темно-красный цвет, есть вкусно, очень приятно.

Не нужно много слов чтоб описать курицу на больших тазах Синьцзяна, которая является популярной кулинарией. Только увидеть большие и маленькие магазины на улицах и можно чувствовать её очарование. Перед «рождением» курицы

Во время ярмарки синцзянских сомабытных пищь и напитков 2012 года, люди в ожидании попробовать курицу на больших тазах

на больших тазах, ресторан обычно отдельно продаёт курицу. После того, как поставить тарелку курицы на стол, иногда клиент спросил хозяина с красным лицом: «В самом деле, это перец с курицей или курица с перцем, почему везде шея курицы? Неужели ты жаришь гусь?» Хозяин знал свою ошибку, и не мог ответить. С рождения курицы на больших тазах, этот вопрос разрешен. Метод приготовления клиент прямо видит, это облегчает работу хозяина.

В короткие десяти и двадцать лет, большое блюдо с кусочками курятины развивается в знамя питательной культуры Синьцзяна, «возраст» самый короткий, известность самая большая. И от этого, люди особенно заботятся о её происхождении. Шавань говорит, что большое блюдо с кусочками курятины является изобретением, крепость Чайво говорит, что она открывает начало курицы на больших тазах. После чтения «Биография курицы на больших тазах», написана господином Фан Жуго, я обобщено упорядочил

Готовая курица на больших тазах

исторические артерии и вены курицы на больших тазах. По методу приготовления и вкусу большое блюдо с кусочками курятины разделяется на два, марки двух сосредоточены на имени места: Один принимает курицу на больших тазах Шавань как представитель, другой принимает курицу на больших тазах крепости Чайво как представитель. Передним приготовленным методом является тушить и варить, последним является прожирить. Итак, какой является исток курицы на больших тазах Синьцзяна? Давайте говорить с курицы на больших тазах крепости Чайво, близко от города Урумчи.

«Коса девушки из Дабаньчэн длинная, глаза красивые. Если вы хотите выйти замуж, то выходите за меня, а не за другого. Носить твоё приданое, петь твою песню, приходить на экипаже...» На пути с Урумчи на Турфан, расположен известный городок. Его известность не происходит из красивого природного пейзажа, и не увлекательного национального стиля. Он не имеет удивительный памятник, и не имеет особенный рассказ. Его известность, наверно состоит в прекрасной мелодии и простых юморных словах песни – «Девушка из Дабаньчэн». После того, как господин Ван Лобинь, пользуется названием «Король песни на западе», распространил эту песню, люди узнают, что в Синьцзяне есть Дабаньчэн, в Дабаньчэн есть красивая девушка.

Крепость Чайво расположена на 43 км государственной дороги 312 Урумчи, относится к району Дабаньчэн, является необходимая дорога южного Синьцзяна и северного Синьцзяна, на севере есть пик Богэда, на юге озеро крепости Чайво, в 20 км на восток расположено китайское мертвое море – соляное озеро. Железная дорога Ланьсинь, автомагистраль и построенная вторая железная дорога Ланьсинь прокалывают через территорию. Крепость Чайво известна курицей с перцем крепости Чайво, в то же время, крепость Чайво ещё и местонахождение мировой ветряные электростанции. Пейзаж на этом месте красивый, в 2005 году горожане областного центра Урумчи выбирали её один из «Десяти красных пейзажных районов». Туристы, кто проходит это место, остановятся и снимают на память. Некоторые в шутку говорят: «Здесь так много электрических вентиляторов, недаром разница температуры Урумчи и Турфан такая большая!»

По соответствующих записях, до 90-гг прошлого века, на крепости Чайво было только 3 учреждения – лесхоз, тоня и сельскохозяйственный отряд, на шоссе домой не было. В 1991 году, для разрешения трудоустройства родных рабочих, и учреждение на улице устроило несколько маленьких одноэтажных зданий для бизнеса по приготовлению кушанья и отдыха прохожих водителей и туристов. В 1994 году, на этом месте есть много магазинов курицы в больших тазах. До тех пор, крепость Чайво встретила её самую блестящую историю, из управления курицей на больших тазах постепенно превращается в одну комплексную промышленную цепь. В начале продажи курицы на больших тазах на крепости Чайво, приживальщик сам выбрать живую курицу за дворцом, любит какую курицу, и захватит её ногу шестом с зацепкой и весит, платит по весу курицы. Потом много приживальщиков приходили и кушали,

в то время тратилось, много времени рабочих. В связи с этим, каждое утро ресторан пораньше готовил курицу, положил запись с долями в полость курицы, после выбора приживальщика и обработал. Конечно, этот метод давно уже изменился, убить, проверить и купить строго соблюдают соответственные стандарты страны.

Разделить по методам приготовления, большое блюдо с кусочками курятины крепости Чайво и большое блюдо с кусочками курятины Шавань относятся ко двум группам. Главный материал курицы на больших тазах крепости Чайво тоже является разбитой курицей, но относительно большое блюдо с кусочками курятины Шавань, кусок мяса меньше, размер около большого пальца. Два раза жарить кусок курицы, потом положить грунт и прожирить желтодревесник, сухой перец, тот час положить кусок курицы жарить, в то же время и положить соль, лук, имбирь, чеснок и другие приправы, положить на тарелку и всё. Большое блюдо с кусочками курятины крепости Чайво, процесс приготовления выглядит просто, в самом деле, нелегко. Говорить со стороны стряпни, метод приготовления курицы на больших тазах Шавань похож на тушение, а метод приготовления большое блюдо с кусочками курятины крепости Чайво кроме прожирения, ещё и метод, похожий на жарение рукой. Ключ жарения рукой состоит в разгаре, время долгое, и мясо старое, а время короткое, то влажность большая, вкус не входит. Каждый магазин имеет свой секрет, что перед жарением солить главный материал подливой. Фурнитура курицы на больших тазах крепости Чайво относительно простая, использует много сухого перца. Соответствующие данные говорят, причина принимать сухой перец как главный материал в том, что тогда снабжение овощей там не хватит, в Урумчи купить неудобно, если раз купить много свежего перца нелегко сохранить, безвыходно, и принимать сухую кожу с перцем, кто знает, что это становится яркой способностью курицы в больших тазах крепости Чайво. С этим я не согласен. В сычуаньских кулинариях есть похожая кулинария, её зовут «Курица

Готовая курица на больших тазах

с перцем Гэлэшань», метод приготовления одинаков. Может быть, в начале рождения курицы на больших тазах крепости Чайво, повар значительно выбрал сухой перец как единственная фурнитура. Не знать, что сухой перец без воды и безводный кусок курицы являются хорошим сочетанием. Говорить со стороны материала, большое блюдо с кусочками курятины крепости Чайво очень смелая, в нём положен сухой перец, масштабный, материал главный, это повысит остроту этой кулинарии, ароматный и крепкий.

Сейчас на улице курицы с перцем крепости Чайво расположены ста больших и маленьких магазинов. Очевидно, она приносит крупное богатство местному народу. Кушающие гости здесь непрерывны, не только прохожие туристы, даже есть старые клиенты, кто специально приехали в Урумчи. Очевидно, ключ оживленного бизнеса ресторана состоит в общественном похвале.

Давайте исследуем причину курицы на больших тазах Шавань. Когда касается этой кулинарии, много населения Шавань очень горды. Они считают, что Шавань является

истинным источником курицы на больших тазах. Силовое доказательство является: первая зарегистрированная торговая марка курицы на больших тазах Синьцзяна родилась в Шавань. Этот персонал, зарегистрирует курицу на больших тазах, является известным хозяином магазина курицы на больших тазах в деревне Синхуа Чжан Куньлинь. Когда дальше проследить такую историю, я заметил то, что Чжан Куньлинь не является основателям курицы на больших тазах Шавань, он просто увидел дальше, и первым зарегистрировал марку. По легенде в начале освобождения, один сычуаньский мастер в кулинарии повар Чжан для того, чтобы избегать войны и населился в уезде Шавань Синьцзяна. Он открыл маленький ресторан на государственной дороге 312, жил продажей поджаренной лапши и смешанной лапши, бизнес иногда хороший, иногда плохой. Однажды в начале 80-гг 20 века, один водитель междугородного автобуса пришёл и кушал в его ресторане, он говорил с потолка повару Чжан: «Поджаренная лапша и размешанная лапша слишком сухая. Жарите мне курицу с перцем, но больше положи суп, и протягивай лапшу и положи в неё». Это выражение напомнило повара Чжан, потом один передал десяти, десять передали сто, эта кулинария становится известной курицей на больших тазах всему миру. После реформы и открытости, много населения с Сычуань приехало в Синьцзян. Население из Сычуань умеет кушать и смеет кушать. Большинство из них занимается физическим трудом. Персонал, занимающийся физическим трудом, много кушал, как кушать и экономически и выгодно? Население Сычуань и местное население вместе изучали и испытали, наконец, лакомство из целой курицы и овощей родилось, они называют лакомство «Большое блюдо с кусочками курятины». После рождения курицы на больших тазах, от прекрасного вкуса и выгоды она скоро распространяется в Синьцзяне. В последние годы она распространяется в внутреннем районе и приморском месте, даже за границей. Все приезжие в Синьцзян похвалят то, что большое блюдо с кусочками курятины Синьцзяна вкусная.

Уезд Шавань расположен на севере Синьцзян-Уйгурского автономного района,

Готовая курица на больших тазах

на западе города Шихэцзы, в среднем участке севера Тянь-шань, на юге Джунгарской равнины, на востоке смежный с городом Шихэцзы, уездом Манас, на юге примыкает уездом Хэцзин, уездом Нилэк, на западе соединяется с городом Усу, городом Куйтунь, городом Крамай, на севере примыкает монгольским автономным уездом Хэпуксер. Большое блюдо с кусочками курятины известен, секрет в «больших тазах». Только большой таз и может содержать целую курицу, только большой таз и может всосать разные необходимые овощи и подливы, и иметь богатую воду. Воде надо не больше курицы, покрыть и мелким огнём тушить до 90% зрелости, потом положить резанный кусок картошки и дальше тушить. Вынести из котла, большое блюдо с кусочками курятины всосала пигмент перца и выглядит красной, ещё и от крахмала из картофеля и выглядит ярким и свежим, мясо свежее и гладкое, аромат разливается, вкус свежий и острый, вкус прекрасный. Кроме этого, «ременчатая лапша» из курицы

на больших тазах Шавань может называться неповторимым мастерством. Заварить такую лапшу в суп 2-3 минуты, когда лапша становится темно-красным, тогда лапша как золотой отвар и серебряная мука, хрустальная, соблазнительная, гибкая, после кушанья и чувствовать то, что «в течение трёх месяцев и не забывать». Даже есть клиенты, покупающие тарелку курицы и кушающие наполнив свой рот лапшой, из этого можно увидеть, что вкус отвара необычный.

Говорят: «Аромат курицы не боится глубины переулка». Скоро большое блюдо с кусочками курятины Шавань распространяет в Синьцзяне, привлекает любовь много народу. Но представитель является курицей на больших тазах в деревне Синхуа Шавань. В 80-гг прошлого века, большое блюдо с кусочками курятины в деревне Синхуа Шавань известна. Она собирается питательные обычаи ханьцев, уйгуров и казахи, является питательным методом с яркой местной спецификой. В 1997 году, первый хозяин курицы на больших тазах в деревне Синхуа Шавань Чжан Куньлинь заявил патент «Парк Синхуа Куньлинь» для курицы на больших тазах Шавань. И так, магазин курицы на больших тазах в деревне Синхуа Шавань родился, это является настоящим начальным магазином курицы на больших тазах Шавань. Гости, кушающие курицу на больших тазах Шавань в магазине курицы на больших тазах в деревне Синхуа Шавань беспрерывные. В различии от начального магазина, магазин курицы на больших тазах в деревне Синхуа имеет горячий бизнес, всегда полон гостями.

Население Шавань кушает курицу на больших тазах, есть такое выражение: «если кушать на ветру, можно узнать вкус». Весной, летом, осенью каждого года, хозяин выносит стол из комнаты на улицу, поставит под беседкой перед дверью. Синее небо, безграничное поле, прихожий приживальщик пробует крепкий, яркий, нежирный, вкусный кусок курицы и острый свежий перец, красную кожу с перцем, имеет другой вкус. Такая сфера, такой метод кушанья, такой вкус, по-моему, никак не может кушать в комнате с кондиционером!

Сравнив с тонкой и изысканной южной кулинарией, большое блюдо с кусочками курятины Синьцзяна, словно трудно поднимается на стол пиршества, только деликатесы с местным вкусом. Но если немножко исследовать, с грубого приготовления вы можете увидеть творческое место, жидкая, скользкая южная кулинария трудно доходит до этого. В самом деле, на меню ресторанов в Синьцзяне, большое блюдо с кусочками курятины находится на видном месте, в качестве важно рекомендованной кулинарии. Смотреть с процесса её образования, рождение большое блюдо с кусочками курятины является плодом соединения наций. Говорить только со стороны выбора материала, есть кусок курицы, овощи, ещё и питания, если говорить со стороны приживальщика, есть ханьцы, хуэй и уйгуры. Давайте посмотрим на эмалевую тарелку с курицей, шириной около десяти цунь, синий край, белое дно, красный орнамент, показывает то, что вкусная кулинария под глазами, и делает сердце тёплым, слюна накопит в корни языка. Когда ложат палочки и ложку, это действительно большая семья!

Сейчас «содержание» курицы на больших тазах становится все богаче и богаче, в фурнитуре не только картошка, ещё и широкая лапша, маленькая лепешка, маленькая пампушка в форме завитушки, сельдерей, гриб и т.д. Эти разные выборы отвечают разным требованиям приживальщиков. Вкусы курицы на больших тазах из разных фурнитур разные. Сейчас большое блюдо с кусочками курятины Синьцзяна уже распространена в больших городах всей страны, но и новаторски развивают разные «серии кушанья на больших тазах», например, гусь на больших газах, живот на больших тазах, рыба на больших тазах, копыто овцы с перцем на больших тазах и другие деликатесы

с особенностью Синьцзяна. Эта необычная живописная линия питательной культуры Синьцзяна быстро из Синьцзяна распространяется по всей стране, не только расцветает питательная отрасль, но и влияет на развитие местной экономики.

Латяоцзы как филигрань

В народе Синьцзяна есть такая легенда: «Один голодный мужчина в пути следования прошёл магазин смешанной лапши, от радости жадно набросился на две тарелки. Потом он хлопал желудок, мазал рот, зажигал сигарету Мохэ и насладился, потом ушёл. Но пройдя 20 км, он почувствовал, как что-то ему не хватает, и пошел дальше, но идя, он чувствовал все больше и больше и ноги становились очень тяжёлыми, что нельзя было ходить. Вдруг он пришёл в себя, и закричал: «Вот моя голова!», и тот час вернулся. Когда он с топом и дыханием возвратился в ресторан, как раз хозяин с горячим супом с лапшой шёл. «Я уже догадался то, что ты вернёшься, поэтому подогрел суп с лапшей. Пить эту чашку супа с лапшей, и можно переваривать бывшую еду!» «Бывшая еда» в легенде является домашним деликатесом Синьцзяна – смешанная лапша. Горячая почва Синьцзяна является стыком разных культур, смешанная лапша, в качестве одной традиционной пищи, получает общую любовь наций. Сейчас на улицах и переулках Синьцзяна стоят рестораны, названия многие, в том числе большинство является магазином смешанной лапши. Даже входить в высококлассный ресторан, много приживальщиков не забывает спросить: «Есть ли смешанная лапша?»

Смешанная лапша, популярное название «Латяоцзы», в языке уйгуров называется «Лагмань», она не только любимое лакомство наций Синьцзяна, но и визитная карточка туризма Синьцзяна. Сейчас кушать смешанную лапшу, и путешествовать по Синьцзяну становятся незабываемой памятью много туристов. Во всех странах есть своё необычное мучное изделие: нарезанная резаком лапша Шаньси, лапша без припав Шанхай, лапша из рубленого мяса Шэньси, лапша с говядиной Ланьчжоу, вареная лапша с острыми приправами Сычуань... Разные мучные изделия имеют свои места.

Рассказы о происхождении смешанной лапши разные. По свидетельству друга, кто изучает деликатесы Синьцзяна, смешанная лапша Синьцзяна происходит из Шаньси. Раньше смешанная лапша являлся известной едой Шаньси, от того, что делают ком теста в лапшу методом растягивания и вить, месить и тянуть рукой, поэтому называется смешанная лапша. В «Очерке вегетарианства», написанный населением Шэньси Сюе Баочжань в конце династии Цин, так говорится: в области Шэньси и Шаньси распространена «Лапша Чжэнь», она тонкая как порей, узкая как лапша, образует три ребра, и может образовать разную фигуру, может долго варить. Такая лапша Чжэнь является первообразом длинной китайской лапши Шаньси. Старый шёлковый путь не только принёс культуру старых западных стран на центральную равнину, мелочные торговцы, «гости

на верблюдах», заняты на шёлковом пути, ещё и принесли родные обычаи и деликатесы в Синьцзян. В самом деле, «гости на верблюдах» являются «почтальонов» на верблюдах. Раньше

Мастер лапши тянет тесто для лапши

не было современного быстрого транспортного инструмента как сегодня, люди через гоби и пустыню перевезли товар в западные страны, и только «лодка в пустыни» может заниматься такой работой. Поэтому раньше эти гости на верблюдах переходили на шёлковом пути. Они долгое время на улице, неизбежно скучали по родной кухни, тогда не как сейчас, везде есть местный ресторан и деликатесы. Гости на верблюдах, на целый путь кушали сухой паек, дошли до большой почты Дихуа, не только могли хорошо отдыхали, но и хорошо попробовали родные пиши там. Именно гости на верблюдах принесли технику длинной китайской лапши из Шаньси в Синьцзян. Раньше население Синьцзяна называло длинную китайскую лапшу «срыванная лапша», после 50-гг 20 века, и образно называется «Латяоцзы». Сейчас около Эрдаоцяо Урумчи расположена улица, её зовут «Переулок Шаньси», до 1949 года она являлось собирающим местом гостей на верблюдах Шаньси, и поэтому она получило такое название.

После того, как длинная китайская лапша Шаньси появился

Приготовление Латяоцзы

в Синьцзяне, она изменилась, принимает качественную озимую пшеницу Синьцзяна как ресурсы, добавляет местные овощи, говядину, баранину и т.д., развиваясь, превратилась в смешанную лапшу, подходящим по вкусу населению Синьцзяна. О истоке смешанной лапши, ещё и говорят, что соотечественники хуэя изобрели её, даже есть легенда, что соотечественники уйгуров изобрели её. Нам не нужно тщательно изучать её исток, и не нужно ограничить какое выражение. По переменам эпохи, через взаимный приём, взаимное учение и взаимного сообщение наций, смешанная лапша давно уже укоренилась в почве Синьцзяна, становится кушаньем с местными спецификами Синьцзяна, которая пользуется большой известностью в Китае. Если внимательно, то вы заметите: большинство ресторанов смешанной лапши на улицах и переулках Синьцзяна устроено соотечественниками хуэя, некоторые устроены соотечественниками уйгуров и казахи. Богатая технология мучного изделия Синьцзяна получает полезность из соотечественников хуэя. Трудолюбивое и умное население хуэя не только улучшает длинную китайскую лапшу в смешанную лапшу с спецификами Синьцзяна, и дарит ей многообразное содержание и вид: смешанная лапша с масляным мясом, смешанная лапша с кислой капустой, смешанная лапша с листами порея, смешанная лапша с палочкой картошки… Не только эти самые простые домашние смешанные лапши, но и смешанная лапша с мясом птицы, смешанная лапша с мелким мясом, смешанная лапша с батом, смешанная лапша Цямагу и т.д.

Латяоцзы выглядит просто, но приготовить тарелку вкусной Латяоцзы нелегко! Всем известно, Синьцзян относится к континентальному климату, время солнечного освещения долгое, разница температуры дня и ночи большая. От того, что срок без инея короткий, срок роста пшеницы долгий, поэтому мука Синьцзяна имеет хороший глунтен, хороший вкус и другие специфики. Можно сказать, что необычная географическая сфера, структура почвы и условия климата производят качественную пшеницу, и образуется Латяоцзы Синьцзяна. Поговорка гласит: убитая жена, мешеная мука.

Месить муку является твёрдой техникой. Месить муку требуется «умеренности»: в воде положить немножко соли, немножко и всё, добавить подходящую соляную воду в муку, месить ком муки до того, как поверхность гладкая как кожа, потом класть некоторое время, этот процесс называется «Шан». Такой ком муки имеет хорошую растяжимость и гибкость, потом положить его. Дома приготовить Латяоцзы, основано на коме муки, потом вторично месить, и мазать масло на ком муки и отталкивать, делать мешеный ком муки в катышек теста для закваски муки, кольцом и кольцом класть слой башни. Смотреть на приготовление мастера по Латяоцзы является наслаждением искусства, тот, кто не умеет приготовить Латяоцзы, считает то, что это цирк или фокус! Только увидеть то, что катышек теста для закваски муки плавает наверх и вниз, на доску падает, и сразу превращается тонкий, потом завивать туда и обратно, в конце концов, превращается в Латяоцзы как филигрань. После того, как положить Латяоцзы в котел, оно плавая на поверхности воды, испускает соблазнительный аромат.

«Хозяин, добавьте лапшу!» В любом ресторане Синьцзяна вы часто слышите такое выражение. В тот момент, «сын Вава» Синьцзяна наливает овощи, как гора. Длина каждой Латяоцзы как рост человек, белая и гладкая. По-моему, мало деликатесов может сразу ответить требованиям к пище, а опытное и умное население Синьцзяна творит такую пишу. Чашка овощей, тарелка лапши, покрывает все.

Коренное старое поколение Синьцзяна принимает способность кушать количество Латяоцы как стандарт при выборе зятя. Тогда мой товарищ перешёл порог тёщи после того, как скушал две большие тарелки Латяоцзы. Старик считает, что у кого есть хороший аппетит, и здоровье хорошее. Поговорка гласит, много кушать и много работать! Подробно подумать, это разумно: если парень выборочно кушает, то его здоровье не крепкое, кто успокоен подарить дочь ему?

Ныне, смешанная лапша становится любимым лакомством народов наций Синьцзяна. Обязательно меня спросят: Где расположена самая вкусная смешанная лапша в Синьцзяне? Население Цитай сказало, наша самая вкусная, население Токсюнь сказало, наша

Растянутая лапша с жирным мясом

самая местная. Ни Цитай, ни Токсюнь, это является отобранной вещью из смешанной лапши – смешанная лапша с масляным мясом. По записи, в Синьцзяне смешанная лапша с масляным мясом имеет историю сотни лет, является необходимой кулинарией на пиршестве народов, является плодом изучения с сосредоточенностью и старанием поваров поколений. Среди многих смешанных мучных изделий масляное мясо играет роль «Ваньцзинью», смешать с чем, что вкусно и дорого. Удачной тарелке масляного мяса надо золото, красиво и ярко, иметь прозрачный отвар, не всосать масло, в рот свежее и гладкое, вкусное и крепкое. Такая кулинария сочетается с гладкой лапшой, всегда ворту остается аромат.

На встрече с друзьями, кто-то спросил: «Почему Латяоцзы продолжительна в Синьцзяне?» По-моему, причины три: первая, от необычной географической среды Синьцзяна, лапша не только гибкая, но и имеет хорошую растяжимость, вторая, большинство овцы Синьцзяна пастбищное, кушает

сотни травы, ходит десяти тысяч километров, поднимает на гору и ползти обрыв, храбрая, и мясо вкусное, третья, Синьцзян обширный и малонаселенный, плюс то, что Латяоцзы дешёвая, поэтому привлекает любовь народов, и известная. И так, раньше люди шуточно сказали, население Синьцзяна возвратило с командировки, обязательно делает два дела. Первое носить большой и маленький бунты вещей, потому что тогда в Синьцзяне ресурсов не хватит, по этому случаю купить некоторые домашние предметы. Второе слезать с поезда или самолёта, перед возвращением домой, прямо идти в ресторан и кушать Латяоцзы, совсем только так и значит возвращение в Синьцзян. Хотя в внутренних районах можно кушать много вкусных, но в сердце населения Синьцзяна ещё и заботится о родной Латяоцзы.

Синьцзян является чудесным местом. Богатые ресурсы, трудолюбие и умственность народов наций образуют питательную культуру с необычными спецификами. На территории Синьцзяна, кушать Латяоцзы значит кушать вкус Синьцзян, кушать Латяоцзы и полностью напомнить чувство Синьцзяна. Если лепешка, подходящая старым и молодым, тёплая и простая, то Латяоцзы является едой с крепкой натурой северо-западного мужика, причина не только в её грубости, но и в грандиозности.

Говорить о «Цзюваньсаньсинцзы»

«Цзюваньсаньсинцзы, кушать и всюду бегать». Наверно, все население Синьцзяна слышало такое выражение. «Цзюваньсаньсинцзы» звучит немного странно, многие не удерживаются и спрашиваю что это. В самом деле, «Цзюваньсаньсинцзы» является настоящим пиршеством национальности хуэй Синьцзяна, участие на таком пиршестве называется «Чиси».

Ресторан

Помню, в детстве дедушка мне приготовил два кулинарных изыска: шарик и нанос. Когда подали вкусную и горячую еду на стол, я радовался как на праздник Весны. В силу своего возраста, я понимаю, что основную кухню хуэйцев Синьцзяна – «Цзюваньсаньсинцзы», включено девять блюд, а шарик и насос в моей детской памяти только две из них. «Цзюваньсаньсинцзы» означает, что нужно использовать девять одинаковых чашек для размещения всех блюд на пиршестве, и положить девять чашек в квадрат, по три чашки с каждой стороны. И с какой стороны не смотри, с юга, севера, востока или запада, всегда получается три ряда, поэтому оно получило имя «Цзюваньсаньсинцзы».

В середине века династии Тан, по многочисленной информации, полученных от мусульман, посещавших рынок, по продаже чая и коней, нация хуэй образовалась от мусульманской ветви гуэй Китая. В этом числе, часть хуэя расположилась на важном стыке северной дороги Великого шёлкового на пути в Цанцзи и образовала культуру с спецификами своей нации, потом и постепенно разрослась в других местах Синьцзяна.

Во время правления династии Цин, много хуэйцев из внутренних районов перешло в Синьцзян. Для жизни они выбрали местность с низкой стоимостью, начали размножаться и жить на территории Синьцзяна. Эти трудолюбивое нация хуэй по своим обычаям, из муки, говядины и баранины непрерывно производили необычные деликатесы, например: блин из заварного теста, жареная лепешка, жареная лепешка из лука, латяоцзы, лапша с супом, лапша с говядиной, прохладная лапша, лепешка с начинкой, «Цзюваньсаньсинцзы» и т.д., до шестидесяти или семидесяти блюд. И с тех пор «Цзюваньсаньсинцзы» и начался распространяться.

Раньше «Цзюваньсаньсинцзы» обычно готовили на национальный праздник хуэя или на свадьбу, похороны, и другие важные мероприятия. Хоть и использовали девять чашек, но на самом деле было только пять видов блюд: шарик, мэньцзы, жёлтое тушеное мясо, мясо лосося (м/б лосося), последний является рыбной кулинарией (суп) по середине. В дальнешем «Цзюваньсаньсинцзы» постепенно входит в мусульманский ресторан хуэйцев из домашнего застолья, это значит то, что «Цзюваньсаньсинцзы» поступил на рынок. Но от того, что процесс приготовления этих блюд сложный и людям трудно готовить его, поэтому пиршество «Цзюваньсаньсинцзы» не выходил из домашнего употребления. После реформы и открытости, по требованиям некоторых клиентов и советам туристов, «Цзюваньсаньсинцзы» снова появляется на столах ресторанов. Но нынешние «Цзюваньсаньсинцзы» уже не похож на блюда в прошлом. Было не только улучшены используемые ингредиенты, но и еще некоторыми поварами ещё и было добавлены тушеная тыква, курица с перцем, кислая и острая рыба, жареная отбивная из баранины и т.д., даже появился «вегетарианский» «Цзюваньсаньсинцзы». К тому же чашка для блюд превратилась в тарелку. Края некоторых тарелок украсили узорами из пищи. Что ни говорить, «Цзюваньсаньсинцзы» более всего подходит к требованиям питания современников.

В записях «Старинные были Урумчи» написано, что в 80-90-гг 20 века, люди на улице могли увидеть марку «Цзюваньсаньсинцзы». В эти годы, по бурному развитию мусульманской пищевой отрасли хуэя, все виды мусульманской кулинарии непрерывно улучшаются, метод принятия гостей хуэя идёт к многообразию, традиционный «Цзюваньсаньсинцзы» уже отступает на вторую линию. Очень трудно найти настоящий «Цзюваньсаньсинцзы» чтобы поесть.

Некоторые старики говорят, когда бывший национальный герой Линь Цзэсюй был отправлен в ссылку в Синьцзян, на пути он прошёл много труднодоступных мест – ущелье Синсин, Хами, Мулэй, Цитай, Гимусар и Цанцзи. После того, как местное население хуэй узнало об этом, оно тщательно подготовило «Цзюваньсаньсинцзы», которым сердечно угощало этого героя. С тех пор, «Цзюваньсаньсинцзы» тесно связывают с

Цзюваньсаньсинцзы на выставке фестиваля деликатесов

Линь Цзэсюй. Но для этого нет основания, но в народе передают эту легенду с уста в уст. Ещё и некоторые старики рассказывали, что обычаи встречи гостей «Цзюваньсаньсинцзы» начинались еще со времен походов предков хуэя. Основанием для этого является, то что этим блюдом очень удобно принимать гостей, потому что солдатам в походах только нужно сойти с коня и помыть руки, положить войлок на траву или толстую одежду, позвать друг друга садиться за стол и в течении нескольких минут можно вкушать горячие деликатесы.

Метод подачи «Цзюваньсаньсинцзы» изысканный, нельзя как попало ставить девять чашек на стол, их ставят по очереди. Посуда для блюд должна быть тонкой, красивой, щедрой и приятной. Раньше стол хуэйцев был квадратным, то есть обычный квадратный стол. Во время подачи обычно сначала ставили четыре мясных блюда на углах, их зовут «угловое мясо», потом ставили четыре чашки по краям, в том числе две их них напротив друг друга назывались «Мэньцзы». Название блюда «Мэньцзы» везде одинаково, но фасон и продукты могут разные. Например: на востоке называется «шарик» и на западе тоже «шарик», но используют говядину или баранину, кроме того и добавляют иногда яйцо, съедобные грибы и т.д. для того, чтобы показать разницу. Это делают для того чтобы разнообразить ассортимент блюд с одной стороны что бы выглядело немножко богаче, с другой стороны что бы выразить уважение к гостям. В последнюю очередь ставят чашку посередине стола, так как она самая дорогая, куда добавляется обычно яйцо и под котором горит огонь. Виды блюд разнятся в зависимости от местности, но все они очень вкусные. Такой метод подачи блюд имеют свои причины, «мэньцзы» и «угловое мясо» ставят близко к гостям что им было удобно.

Интересно посмотреть на технологию приготовления кулинарии хуэйцев в которой не жарят и не взрывают, а только тушат, варят, и перемешивают. Такая вот высшая, самая древняя кулинарная техника нации хуэй. Эта техника приготовления пищи относятся к избранным вещам культуры хуэя. Сырьё для приготовления пищи включает в себя говядину, баранину, курицу, капусту, соевый творог, желатиновые вермишели, перец, съедобный деревянный гриб, лилейник, лимонно-желтое яйцо, лук и т.д. Иногда от использования разных овощей и менялась кулинария. Если к примеру жизненные условия были плохие, под мясом укладывали много овощей. Хотя и говорится девять чашек, но в самом деле только пять видов блюд: две доли шарика, две доли мэньцзы, две доли желтого тушеного мяса, две доли мяса лосося, наконец, жидкое блюдо (суп) посередине. Среди этих блюд, Мэньцзы является главным. С улучшением жизненных условий, улучшался и ассортимент используемых продуктов, сохраняя традиционные виды кулинарий, проводились изменения. Сейчас хуэйцы они выпускают «Цзюваньсаньсинцзы» второго поколения, в которую включено: «мясо, приготовленная на пару», «снеговой шарик», «мясная бухта из овощей», «Мэньцзы из баранины», «жёлтая тушеная баранина», «вкусный сверток яйца», «бар рыбы с вунтутом», «разделанные крылья курицы» и «сладкая тарелка».

Во время свадьбы, похоронов или других событий, население хуэя обычно готовит «Цзюваньсаньсинцзы» для угощения родных и друзей. После того, как гости занимают место за столом, сначала ставят Югоцзы, хворост, конфеты и т.д., и подают чай. Это для того, чтобы гости прибывшие издалека могли немного отдохнуть, поговорить и познакомиться. После отдыха начинают подавать «Цзюваньсаньсинцзы». Тушат «Цзюваньсаньсинцзы» на одной большой решетке для варки на пару и выносят гостям ещё горячим. От того, что в течение минуты или двух быстро подают блюдо, гости кушают горячую кулинарию. Холодный салат готовится заранее. Конечно, для

устройства пиршества «Цзюваньсаньсинцзы» сначала нужно хорошо подготовиться, в зависимости от количества гостей подготавливается достаточное количество овощей и мяса. Хоть подготовительная работа сложная, но когда хозяин видит то, что гости довольны и радостно улыбаются. Ни одно из блюд из «Цзюваньсаньсинцзы» не жарится, выбранный материал тонкий, поэтому вкус прекрасный и нежирный. Главная пища такого пиршества является пампушкой в форме завитушки, пампушкой с рисом и жареной лепешкой (на свадьбе не принято подавать жареную лепешку).

«Цзюваньсаньсинцзы» не просто является кулинарией, ещё и богат культурным содержанием. Если удалить водную кулинарию из него, остальные чашки блюд образуются слово «Хуй» хуэй. В сердце нации хуэя, девять является самой большой и счастливой цифрой. Когда «Цзюваньсаньсинцзы» ставят на стол, это уже содержит самую простую молитву людей: всеобщее благополучие и всеобщая благодать. Культурный вкус в кулинарии плывет с ароматом кулинарии.

В нынешнее «Цзюваньсаньсинцзы» уже включают блюда других наций. Хоть и содержание и фасон блюд изменились, метод подачи этого лакомства не изменился. Люди продолжают кушать красивую пищу, принимают радостную культуру нации хуэй.

Острая курица с перцем

Курица с перцем является традиционным лакомством хуэя Синьцзяна, выглядит как курица Байце Гуандуна, Байчжань Сычуань, но по вкусу они различаются. Вопрос для любителей деликатесов, тем, кто любит курицу с перцем – они любят её шероховатость или её остроту? Наверное, до сих пор нет определённого ответа. Когда кушаешь эту курицу с перцем, она шероховатая так как дует ветер и на голове появляется пот.

Может быть, люди не любят сочетание шероховатости и остроты, и поэту появился непередаваемый вкус деликатеса, крепче, чем большое блюдо с кусочками курицы, крепче, чем курица Байчжань, свежее,

Острая курица с перцем

чем острая курица. Именно поэтому, люди не любят есть палочками в руке.

Об истории курицы с перцем нам рассказывали старики еще в детстве. Готовить курицу с перцем придумал повар Сун национальности хуэй более 100 лет назад. Потом это блюдо стала деликатесом этого народа. Женщины хуэя готовят разнообразные по рецепту курицу с перцем, словно рассказывают о своём счастье. Однажды около здания бога богатства Наньгуань в Урумчи Синьцзяна (около нынешней мусульманской второй столовой Наньгуань), повар Сун установил лоток и начал продавать курицу с перцем. Повар Сун, известный всему народу, был стариком невысокого роста, и знакомые часто в шутку называли его «карлик Сун». Все люди говорили, что курица с перцем, приготовленная карликом Сун около здания бога богатства, самая вкусная. Семья повара Сун жила в Сяодунлян (около нынешней южной улицы Хэпин) и каждый день в обеденное время он приносил лоток, в котором лежала приготовленная жирная яркая курица с перцем. Он приносил свою курицу в одно и тоже место около здания бога богатства и продавал. Он тщательно разрезал саму курицу

Супербольшая острая курица с перцем, приготовленная из 365 кур

на части, всего на четыре доли, а два крыла, шея и хвост еще являются четырьмя маленькими долями, и всего курица была разделена на восемь частей. Затем курицу он добавляет тазик с супом. Зимой под тазом лежит горящий уголь, поэтому в любое время суп горячий, аромат которого разносится далеко по окрестностям. Летом и можно кушать холодную курицу с перцем. Цена на большие и маленькие штуки разная, по выбору клиента. Курица с перцем, приготовлена поваром Сун всегда зрелая, разваренная, свежая, вкусная, имеет цвет и вкус. Если положить голень курицы на маленькую тарелку с красными цветами, затем налить две ложки супа получается очень вкусно. Повар Сун был добрым, и он любил передавать метод приготовления курицы с перцем женщинам. После повара Сун, не было хуэйцев продававших курицу с перцем. Наоборот, курица с перцем становится деликатесом, которую женщине надо уметь приготовить. Но в процессе приготовления женщины начали упрощать процесс приготовления курицы с перцем, добавляли своё мастерство, наконец, мы получили нынешнюю курицу с перцем. Сейчас, хотя курица с перцем уже не столь изысканная как готовил повар Сун, но она стала любимым блюдом национальностей Синьцзяна.

Курица с перцем распространилась в Синьцзяне больше десяти лет назад и получила название «известная пища Китая». Курица с перцем Синьцзяна не похожа на курицу Байце Гуандуна. Кусочки курицы после разрезания аккуратно ложатся на маленькую тарелку, интеллигентно подают это кушанье, и совсем не похож на блюдо курица Байчжань Сычуань, которую режут на куски ножом, добавляют подлив, равномерно перемешивают, затем выкладывают в чашку или на тарелку около размером 12 цунь (приблизительно 40 см), ставят на стол. Для курицы с перцем Синцзяна выбирают крепкую домашнюю курицу беспривязного содержания, которую потом варят на медленном огне до приготовления, потом охлаждают холодной водой, сушат, что бы получилось свежее и вкусное мясо. Затем добавляют отборный крепкий перец по вкусу, и по традиционному рецепту варят суп с перцем. Снимают кожу и мясо, добавить отвар, лук и красный перец, тогда кожа курицы всосала вкус, и мясо курицы стало гладким, вкусным и нежирным. Может быть, курица с перцем выражает характер и энтузиазм ребёнка Синьцзяна!

В Синьцзяне, никто не знает, где можно найти самую настоящую курицу с перцем, и никто не знает, когда курица с перцем распространилась по рынку, но она действительно распространилась. История появления курицы с перцем на столе народа не длинная, для этого надо послушать отца и сына Цзинь народа хуэя.

Летом 1995 года, несколько людей в жаркую погоду гуляли по улице, лотков с деликатесами было много. Я уверен, что много людей до сих пор не забыли эту декорацию. Отец и сын Цзинь и их курица с перцем, была разработана пять лет, и они появились летом того года. В первый год, как они появились на ночном рынке, их бизнес не клеился, иногда до конца и не могли продать ногу или крыло курицы. Они часто смотрели на

соседа, который продавал курицу с перцем, и перед ним стояла длинная очередь. Во второй год, отец и сын Цзинь решили применить маневр, пусть клиент сначала бесплатно пробует, потом покупает. Такой метод сработал, и скоро привлекать много клиентов. Они не только сами кушали, но и приглашали друзей и родных. Так один рассказал десяти, десять передали рассказ ста человекам и скоро курица с перцем отца и сына Цзинь распространилась по всему городу.

С неизвестного лотка до нынешнего образа «Полный старик». Известная «курица с перцем полного старика» пошла от полноты блюда, свежего вкуса, рациональной цены, и поэтому она скоро становится популярным деликатесом. Лоток уже не успевал удовлетворять клиентов. В 2001 году, на восточной улице Хэнань открыли первый магазин монопольной продажи «курицы с перцем полного старика», и удачно зарегистрировали марку «Полный старик». С тех пор, эта пища, является состоянием двух поколений семьи Цзинь, становится маркой любимых местных деликатесов. В 2008 году, «курица с перцем полного старика» в связи с большим распространением развития официально изменила свое имя в «Цепное учреждение мусульманской пищи полного старика», и включила передающую из поколения в поколение домашнюю кулинарию народа хуэя в меню магазина. «Полный старик» принципиально выбирают качественное сырьё и продукты, строго соблюдают обычаи хуэя забоя птицы, ее обработки, привлекают к приготовлению известных поваров, поэтому получают признание клиентов. По рассказам людей «курица с перцем», «жженый посох овцы полного старика», «первая кулинария для угощения гостей полного старика», «вторая кулинария» и другие известные деликатесы привлекают любителей деликатесов.

После того как курица с перцем Синьцзяна была принята рынком, местные предприятия Синьцзяна обратили на нее свое внимание. Вследствие чего на рынке уже появилась курица с перцем в вакуумной упаковке, можно и приготовить вкусную и настоящую курицу с перцем, и можно сварить суп и пить ее, местное население это приветствовали. Если сравниваем её с курицей на больших тазах, большое блюдо с кусочками курицы совсем незаметная. Надеемся на то, что курица с перцем, поступит на внутренний рынок и распространится по всей стране как и большое блюдо с кусочками курятины Синьцзяна, и пойдет гулять по сему миру.

Свежий и вкусный суп с мукой

Суп с мукой является домашней кулинарией с местным вкусом хуэя Синьцзяна для угощения друзей и родных. По праздникам Гурбан и Жоуцзы, каждая семья готовит суп с мукой, угощает дорогих гостей и друзей. Суп с мукой населения хуэя как пельмени ханьцев, становится необходимой пищей во время радостных праздников. Если вы в гостях у населения хуэя как раз во время праздника, гостеприимная хозяйка обязательно поставит вкусный, масляный, но нежирный суп с мукой вам с примеренной кислотой и остротой. Если ещё и поставит тарелку жирного яркого Ютацзы, это очень прекрасно.

В Синьцзяне суп с мукой имеет длинною историю, наверно можно проследить конец династии Юань и начало династии Мин. Глава 38 «Романа речные заводы» «Лян Шаньбо и Дай Цзун передали ложное письмо», писалось то, что Дай Цзун кушал в ресторане и сказал: «Мы продаём алкоголь и пищу, и вышку и суп с мукой». Тогда Дай Цзун это чудесно и сказал: «Я не кушаю мясо. Есть ли вегетарианский суп?» Половой сказал: «Острый соевый творог с подливой, можно?» Дай Цзун ответил: «Хорошо, хорошо!» Следовательно, «суп с мукой» здесь является супом с мясом, с нынешним супом с мукой относится к «жирному», а Дай Цзун только кушал

Суп с мукой   Суп с мукой

«вегетарианский суп». В «Путешествие на запад» много раз упоминали «суп с мукой», но относится к «вегетарианству». Глава 47 говорит: «Сначала поставить вегетарианские овощи и фрукты, потом рис, мучное изделие, лакомства, суп с мукой, аккуратно положить». Эти пищи для буддийского монаха, конечно, является вегетарианским супом с мукой. Какой вкус супа с мукой в древности? Глава 69 говорит: «Разные супы с мукой вкусные и острые». Очевидно, что вкус совсем одинаков с нынешним супом с мукой, на основе вкуса и остроты. «Разные супы» значит то, что тогда супы с мукой уже многообразные, можно увидеть популярность «отрасли супа с мукой». Особенно надо упомянуть то, что в «Путешествие на запад» так описали метод приготовления супа с мукой, глава 84 говорит: «Взять съедобный деревянный гриб, бамбуковый росток, соевый творог, глунтен, свежие овощи, и приготовить суп с мукой». Из этих двух старых книг можно увидеть, что в истории суп с мукой делится на два типа.

Совсем все женщины хуэя умеют готовить суп с мукой. Не только они сами любят кушать свой суп с мукой, но и существуют обычаи угощать соседей. В народе есть одна ненаписанная конкуренция: семья, в которой женщина умеет приготовить вкусный суп с мукой, то гордится. Говорят, перед тем, что девушки гуэя выходят замуж, мать строго учит их приготовить суп с мукой. Если девушка хорошо готовит суп с мукой, то много парей её гонится, но если девушка не умеет готовить суп с мукой, то никто не любит её, трудно выходит замуж. В связи с этим, все девушки хуэя являются мастерами приготовления супа с мукой.

Хотя суп с мукой является одной из домашней пищей, не сложный, но приготовить его нелегко. Если хотеть его приготовить вкусно, нежирно, прекрасно, не только надо овладеть шихтовкой, подливой, но и надо обратить внимание на огонь, это требует некоторого времени. Сначала взять некоторый крахмал из сои (обычно в супермаркете продают),

23 мая 2014 года жители Хами учатся приготовить суп с мукой

делать его и воду в кусок муки, после охлаждения резать кусок муки 2 см на запас. Такой кусок муки гладкий и вязкий. Потом резать баранину или говядину с умеренным жирным и нежирным мясом в мелкий кусок, добавить соль, имбирь в порошке, желтодревесник в порошке, молотый перец, лук репчатый, красный перец, готовый съедобный деревянный гриб и т.д., приготовить суп. Варить кусок муки и суп, и получать суп с мукой. В чашку супа с мукой добавить кунжутное масло, масло с жареным перцем, кориандр и т.д., это кислый и острый суп с мукой. Если добавить несколько пельменей в суп с мукой, и получать суп с мукой с пельменями. Суп с мукой с смесью приготовлен из смеси баранины или смеси говядины, потом добавить кусок супа с мукой и разные приправы. Зимой кушать чашку супа с мукой, целое тело тёплое, экономическое и вкусное. Даже люди принимают суп с мукой от простуды, это имеет другую функцию. В любой сезон можно приготовить суп с мукой, но от разницы времени, и добавить разные овощи. В любое время готовишь суп с мукой, суп получается вкусным, красивым.

Когда кушаешь суп с мукой, стоит обратить внимание на вкусный Ютацзы. Судя по названию, фигура Ютацзы как башня. Он белый, масляный, тонкий как бумага, масляный, но нежирный, вкусный и мягкий, подходит и старым и молодым, является мучным изделием населения хуэя. Ютацзы имеет длинною историю, большее 1.000 лет назад при династии Тан и существовал, тогда назывался «Юта». По записи «Переписка Цини», во время Тан Мучжун, в семьи первого министра Дуань Вэньчан была старая служанка, кто называется «родоначальник кухни», умела приготовить Ютацзы, и её мастерство талантливое. В течение сорока лет, она передала это мастерство более 100 служанок. Говорят, только 9 служанок получили её мастерство, поэтому можно увидеть, что нелегко овладеть этим мастерством приготовления.

Производство Ютацзы непростое, требуется определённая техника. Сначала смесить муку тёплой водой, добавить немножко дрожжи и месить мягкое тесто, ждать

Ютацзы

около часа, потом добавить щелочную воду и месить, по требованиям производства и теребить несколько кусков, мазать съедобное растительное масло на запас. В начале производства, Взять кусок, положить его на доску, растягивать его тонкий и растянуть длинный. С помощь хорошую тягучесть и вязкость кома муки, тем тоньше, чем лучше. Потом мазать слой масла хвоста баранины на тонкий лист муки. Здесь есть требование: когда погода жаркая, добавить масло живота баранины в масло хвоста баранины, потому что жир баранины имеет свойство остывать и твердеет, трудно тает и вытекает из слоя муки, когда погода холодная, добавить мало съедобного растительного масла в масло хвоста баранины, потому что съедобное растительное масло не застывает. Ютацзы по такому методу производства полно масла, и не выпускает масло, имеет крепкий необычный вкус. Отпустить несколько соли и желтодревесник в порошке на лист муки, и растягивать и вертеть, после навертки вить в узкую ленту, и резать несколько участков, потом винтить в башню, положить на решетку и тушить 25 минут, открыть крышку и можно принять.

Помню один год, во время праздника Гурбан, мы поздравили

товарища хуэя с Новым годом. Когда хозяйка угощала нас суп с мукой, и поставила тарелку белого и масляного Ютацзы, он выглядел как комок шерсти. Я легко взял вершину и поднял, Ютацзы, размером кулака, сразу превратился в узкий шнур. Кушал во рту, он мягкий и рассыпчатый. Товарищи боролись за его, боялись того, что сразу нет. Одна старшая сестра и кушала, и заботилась о вещи в котле, беспрерывно говорила «Очень вкусно! Очень вкусно!» Кто-то шутил над ней, сказал, что доброе дело дуальное, надо кушать две чашки и два, и хватит. Она сказала с улыбкой: «Кушать три чашки супа с мукой и три Ютацзы, и это значит провести новый год!» Такое сочетание деликатесов прекрасное, даже бог не может терпеть сочетание белого и яркого Ютацзы с масляным и нежирным супом с мукой!

Вкусное мясо рукой

Мясо рукой является любимой пищей с местным вкусом и кулинарией для угощения гостей народов казахов, уйгуров, монголов, киргизов, таджиков и других наций. По праздникам или визиту гостей они часто ставят эту кулинарию. Для этих наций, самым торжественным обрядом принятия гостей является убивать овцу. Мясо рукой на пиршестве является необходимой, символизирует этикет, уступающий только жареной целой овцы.

Говорят, что мясо рукой имеет тысячелетнюю историю, оно получило такое название, потому что его едят рукой. В «Шовэнь Цзецзы» говорит: «Овца, это счастье». В «Китайский этикет эпохи Чжоу Военный министр Чабан» пишет: «Чабан овладеет жизнью овцы, по культам украсить овцу». В древности овца считается символом счастья и важными продуктами культа. В «Сборник фармакопея – всеобъемлющее произведение в древней фармации Китая» Ли Шичжэнь пишет, баранина может теплеть середину и компенсировать слабость, компенсировать середину и помогать воздуху, вызвать аппетит и крепить силу, лечить слабость, усталость и холод, пять усталостей и семь ран. Для женщины с

Готовое жаренное мясо, которую едят рукой

холодным телом, баранина является вещью подкрепления, может сравнить с женьшень и астрагалом. В Синьцзяне мясо рукой долго распространено, это имеет дело с плохими жизненными средами и своеобразными жизненными привычками. Выйдя кочевать, и несколько месяцев не возвращаясь, при этом кушать баранину можно не голодать.

Луга на юге и севере Тянь-шань Синьцзяна богатые и красивые, тающий лёд и снег на горах образует реки. При такой ситуации, баранина Синьцзяна качественная. Баранина для приготовления мяса рукой лучше принимается овца беспривязного содержания на щелочном пороге, такая баранина является зелёным продуктом, и без бараньего запаха. Обычно выбрать овцу 10-15 кг, лучше «ягненок». Так называемая свежая баранина, обязательно баранина только что или в то время убита. Кроме того, что выбрать овцу, самое важное для приготовления мяса рукой является тем, что надо уметь обработать. Национальное меньшинство Синьцзяна имеет монопольный секрет для варения баранины, они выбирают мясо из щели кости ножом, целом варить. Перед положением в котел не мыть баранину, а только вымыть поверхность мяса, устранить шерсть и положить в котел, после варения отбросить пену на воде. Они думают, что много раз мыть баранину потеряет питательные вещества, как чисто мыть рис снижает питательные вещества. О подливе для варения мяса рукой, самым традиционным методом национального меньшинства является положить соль, не добавить другие приправы. После варения тушить мелким огнём, на поверхности супа только две или три точки кипения и пузырятся. Обычно надо тушить около часа, вареная баранина по такому методу спелая и прочностная, можно увидеть след резания на мясе. Мясо с хрящом хрупкое. Ключ приготовления мяса рукой состоит в том, что во время варения мяса без лука репчатого, после варения мяса ровно пустить мелкий лук репчатый на мясо, и можно поставить на стол. Аромат мяса и репчатого лука сразу распространяются по всюду.

Мясо рукой является торжественной пищей национального меньшинства для угощения гостей, во время кушанья есть требования: надо вымыть руки, потом и можно садиться на стол, после разрешения хозяина и гости могут кушат ь. После того, как поставить тарелку горячей вареной баранины, аромат полнен целой комнаты. После вымывания рук, гости начинают кушать, в комнате сразу весело. Когда дорогие гости или гости издалека приходят, хозяин святит самое вкусное мясо с костью на безымянной кости гостям, его фигура является словом «Гунн», его зовут «Цзянбас», для выражения уважения, потом другие начинают кушать. Кушать мясо рукой обычно сначала кушать жирное мясо, потому что жирное мясо вкусное, и кушать холодное вредит желудку. Важнее, сначала кушать жирное мясо значит то, что защитить стенки желудка жиром, положить хорошую основу пить водку. Недаром друзья национального меньшинства Синьцзяна имеют здоровые желудки и кишечники, умения безгранично пить!

На разных территориях вкус мяса рукой Синьцзяна разный. Если вы в хороший сезон придете на степь с красивым лугом, не входя в дом семьи, вас будут горячо приветствовать простой гостеприимный хозяин. Они угостят вас бараниной рукой. Помните, отказываться от мяса считается невежливо, это значит, что вы презираете хозяина, и нельзя жадно кушать, выпускать огромный звук. Если внимательно, то вы заметите то, что на краю изысканной тарелки с мясом положен нож для резания мяса, длиной около 15 см. Этот нож имеет национальную специфику, на ручке ножа вырезают узорчатые картины, в том числе самый известный является ножом из уезда Янгисар, он острый. Резать мясо ножом, кушать мясо рукой с солью. Некоторые семьи готовят гостям маленькую тарелку, просят гостей положить резаное мясо на маленькую тарелку. На тарелке ещё и есть лук репчатый. В Синьцзяне лук репчатый называется «Пияцзы», обычно люди сыро кушают. Лук репчатый при мясе рукой резан в пластинку, не добавить подливу, является самым хорошим сочетанием баранины. Лук репчатый не только может снизить жир крови, но и кровяное давление. Национальное меньшинство Синьцзяна любит мясо и редко болеет сердечнососудистой и мозговососудистой болезнью, лук репчатый играет большую роль.

Поговорка гласит, оригинальный суп разделяет оригинальную пищу. Кушать баранину, обязательно пить чашку супа из баранины. Суп из

Тушенная баранина

Тушенная баранина

баранины является подкрепленной пищей. Население внутреннего района говорит, что порей «укрепляет здоровье», подкрепляет элемент инь в организме и почечный ян. Население Синьцзяна говорит: «Баранина делает женщину красивой, мужчину сильным!» Требование при варке супа из баранины состоит в том, что отбросить лишний жир овцы, потом пустить лук репчатый или кориандр. Во пить его горячим, вкус прекрасный, и можно чувствовать то, что горячий газ плавает в груди, вроде действительно укрепляет силу.

Мясо рукой национального меньшинства Синьцзяна отражает обычаи и традиции Синьцзяна, преломляет привкус и характер, что население Синьцзяна любит кушать мясо большими кусками, пить водку в большой чашке. Продукция Синьцзяна богатая, население Синьцзяна щедрое, горячо относится к людям. Метод простого, необычного принятия мяса рукой с исходным интересом напоминает вам о старых обычаях района к северу от Великой китайской страны, возбуждает рябь в голове, вызывает вашу иллюзию, скучание, привлекает вас к богатой степи и гостеприимным народам наций. Дорогие друзья, не забывайте пробовать мясо рукой Синьцзяна!

Синьцзян со сладкими фруктами

Вкусные деликатесы свидетельствуют историю нации, вкусные фрукты отражают специфику района. Когда вспоминают про фрукты, то может быть, прежде всего, люди вспомнят яблоко, грушу, банан и мандарин, которые произрастают на юге под большим и теплым дождь. Но знаете ли вы, «сладкий» хуже, чем виноград Синьцзяна, «вкусный» хуже, чем груша Синьцзяна, «белый» хуже, чем белый абрикос Синьцзяна.

«Каждый человек хвалит виноград Турфана, дыню Хами, грушу Курли, гранат Каргальк». Эти известные народные частушки являются самым хорошим свидетельством «родни фруктов» Синьцзяна. На этой красивой и богатой земле, поливаемые качественной снеговой воды ТяньШаня, эти фрукты из народных частушек являются не всеми представителями. Кроме них есть ещё и бесчисленные местные фрукты: белый абрикос, баданьму, смоковница, тутовые ягоды, сладкий миндаль, грецкий орех, дыня Файзабада, финик Хотана. Можно сказать, что все времена года в Синьцзяне свежие фрукты не только с рынка. Многие сорта, большой урожай, хорошее качество, высокая цена продуктов называются вершинами всей страны.

«Золотая связка» долины Турфана

В древнем стихе говорится: «виноград, отличное вино, светящий стакан, желаю быстро пить вино...» Аромат вина происходит из обильных и крупных фруктов, но не везде можно выращивать такие необычные фрукты. Долина Турфан Синьцзяна является благоприятным местом всей страны с самой высокой температурой и самыми долгими часами солнечного света, здесь растет редкость из фруктов – виноград, который содержит эссенцию.

Чтобы хорошо узнать и запомнить о виноградах,

Канава Виноградника

путешествие лучше начать с прекрасного канавы винограда. В августе, не смотря на не терпимую жару, в отличие от других мест Синьцзяна, долина Турфан выпускает свежесть виноградной лозы и аромат винограда. Это необычная свежесть дыхания запечатлелось в сердцах городских проезжих. В деревни, в селах и канве, везде выставлены на крупных подставках зленная и красивая виноград. Между трещинами виноградных лоз можно увидеть блестящие фрукты. Сидя, сорвав несколько связок винограда, медленно пробовать этот сладкий вкус, слышать о прошлом винограда, это очень прекрасно.

Две или три тысячи лет назад, виноград уже рос в старых странах Средней Азии и Синьцзяне Китая. В китайской древней книге этот район относится «западному району». О том что, западный район изобиловал виноградом, доказывает

Виноград

не только существующее археологическое свидетельство, но и документальные записи. Известно, что уже в династии Цинь и Хань виноградные поля были распространены из Средней Азии через северный Синьцзян из районов Турфана в восточный Синьцзян, в то же время из Памира распространены в Таримские равнины южного Синьцзяна. С династии Тан, имя «Турфан» тесно связалось с «виноградом», это является сочетанием географии и фруктов. До сих пор, когда говорят «Турфан», первая реакция в голове является «виноградом». И бывает наоборот. Не знать то, что Турфан производит виноград или виноград производит Турфан.

Почему виноград Турфан так сладок? Все люди кто попробовали виноград Синьцзяна об этом спросят. Синьцзян расположен в бессточном районе северо-запада Китая, далёк от моря, относится к умеренному континентальному климату. Здесь зимой холодно, летом жарко, дождя мало, климат сухой, погода хорошая, солнечное сияние достаточное. Хотя климат сухой, осадки малые, но от того, что солнечное сияние достаточное, лёд и снег на горах тают, они предоставляют дорогую воду для транспорта и сельскохозяйственных культур. Днём температура высокая, можно укрепить фотосинтез сельскохозяйственных культур, принести пользу накоплению питательности, ночью температура низкая, респирация сельскохозяйственных культур понижается, снижается расходы питательности. Поэтому фрукты и овощи в Синьцзяне растут быстро и сладкие.

Метод посадки винограда в Синьцзяне тоже разный с другими местами. Осенью из ветки винограда падает лист. Для того, что он мог безопасно проходить зиму, перед наступлением зимы надо закопать лозу винограда почвой, до того, как весна приходит и все расцветает, раздвигают почву, подпирать лозу винограда на подставку винограда. Через две или три недели присадок винограда, снова прорастает. Летом лист винограда густо растёт, выглядит как зелёный экран, очень величественно. Лист флецевый, под солнцем колыхается, как летний ароматный и сладкий виноград. Когда виноград очень малый, незрелый, лист густой, тогда надо резать ветки для того, чтобы виноград получал достаточно солнечного света и фрукты чтобы росли. Середине осени, виноград дозревает.

Виноград Синьцзяна известен всему миру, а самый известный является виноградом Турфана, он известен и в Китае и за границей. Обычно в конце апреля виноград расцветает. А в августе виноград поспевает, и он продаётся везде на улице. Если вы в канаве винограда, и наблюдаете песню и танцы, и кушаете виноград, это прекрасное наслаждение! Во время урожая винограда, в целом саде растёт виноград. Некоторые хрустальные, как жемчужина, некоторые яркие, как агат,

некоторые зелёные, как жадеит. Цветовой и свежий виноград привлекает людей. Самый любимый белый виноград без ядра тонкий, свежий, сочный, вкусный и питательный, имеет название «жемчужина», содержание сахара до 20%-24%, выше винограда Калифорнии Америки, занимает первое место в мире. Насадка винограда в Синьцзяне имеет долгую историю, ресурсы сортов богатые, имеет белый виноград без ядра, Манайцзы, Байцзягань, Мунаге, чёрный виноград, Хотанхун, Кашхар, Фэньхун Тайфэй и другие шестьсот сортов.

Многие считают, что виноград вкусный, преимущественно от сладкого вкуса винограда, влажность полная, вкус гладкий и ароматный. По-моему, что таким чувственным познанием, достаточно выразить ценность винограда невозможно. В самом деле, со стороны китайской медицины виноград является фруктом «с высоким содержанием золота». Китайская медицина считает, характер винограда умеренный, вкус кислый, может добавить энергию и кровь, укрепить мускулатуру, помогает печени и приносит пользу мочеиспусканию, усиливать кровообращение и успокаивать нервы, теплеть желудок и укрепить селезенку, уничтожить надоесть и жажду. Современная медицина свидетельствует то, что виноград может эффектно регулировать функцию клетки печени, противостоять или снижать вред свободного радикала на них. Кроме того, он и имеет функцию рассасывать воспаление, может соединить с белком в бактерии и вирусе, лишить их патогенной способности. Иностранное исследование свидетельствует, свежий виноград, лист винограда и изюма имеют способность борьбы с вирусом. Виноград содержит много железа, для больного железодефицитного малокровия, принимать изюм имеет пользу, является вспомогательной мерой лечения. Виноград содержит богатую глюкозу и много видов витаминов, имеет видную функцию в защите печени, облегчении асцита и отека нижних конечностей, и может повысить плазматический альбумин, снизить трансаминазу. Глюкоза, органическая кислота, аминокислота и витамин в винограде имеет одушевленную функцию в мозговых нервах, улучшенный эффект в неврастении и состоянии усталости при гепатите. Виннокаменная кислота в винограде и содействует перевариванию, повышает аппетит, предупреждает гепатит и возникновение жировой печени.

Виноград может выделывать вино, выделанное вино как загадочная и соблазнительная девушка из западного района, привлекает людей. Персиянин привыкает то, что в состоянии угара обсуждать важные дела, они считают, что решение, проходящее после пьяного, надежнее, чем в трезвом состоянии. Со стороны стимулирования расцвета стихии, музыки и танцев Персии, вино играет большую роль. В стихах Лудацзи, Омар Хайяму и других, вино и красавица часто появляются. На отражении стакана, румянец на лице возлюбленного является райским местом.

Вина Синьцзяна имеют такие марки как: Синьтянь, Сиюй, Лоулань и другие известные марки. Но среди всех вин Синьцзяна, самое интересное, по-моему, народное вино – Мусайлайсы. Мусайлайсы является

Виноград в своем дворе особенно сладкий

Полновесные плоды винограда   Изобилие плодов

самым старым вином западного района. В стихе династии Тан «виноград, отличное вино, светящий стакан, желаю пить пипу надо быстро» «виноград, отличное вино» означает Мусайлайсы, «чудесный напиток западного района», династия Гаоцан посвятила династии Тан, тоже Мусайлайсы. Но Мусайлайсы различает от вина, точно говоря, он является природным питьем с алкоголем между вином и соком из винограда. Известный «прохладный мир» Хуочжоу – канава винограда расположен в ущелье Хуояньшань на 13 км от северо-востока города Турфан. Канава винограда является неглубокой канавой, длина с юга на север 8 км, ширина с востока на запад 0,5 км, самое широкое место до 2 км. Ручей проникает её, из трещины бока канавы иногда вытекает источник, в канаве зелень покрывает солнце, в канаве растёт подставка винограда, цветы, фрукты и дерева украсят его, крестьянские семьи расположены в ней, на вершине косогора расположено много «комнат сушки» из пустотелой почвы для сушки изюма. Сейчас в канаве винограда есть поле винограда 400 гектаров, годовая продукция свежего винограда 6.000 тысяч кг, изюм больше 300 тонн. Белый изюм без ядра на этом месте зелёный и яркий, кисло-сладкий и вкусный, пользуется высокой известностью на международном рынке, называется «китайская зелёная жемчужина». В канаве винограда расположен «винный город на западе», в самом деле, он является маленьким музеем винограда, он показывает нам процесс варки Мусайлайсы: вымыть зрелый свежий виноград, выжимать сок, добавить воду два раза в сусло, положить в большой котел, медленно варить большим огнём и мелким огнём до того, как до количества оригинала, потом положить в большую корчагу или сосуд, покрыть и герметизировать, положить в место на солнце и солнце светит, пусть он квасится, через 40 дней и квасится. Когда Мусайлайсы квасится в корчаге, некоторые выпускает «Гулу-гулу», как звук кипения воды, некоторые выпускает взрывчатый звук «трах-трах». Талантливый мастер виноделия по звуку и может определить пробу и качество Мусайлайсы.

Хуояньшань

Различив от вина по современной технологии, цвет Мусайлайсы темный, мутный. Такое старенное начальное вино имеет такие специфики: простота, природа, густота. Пить его производит чувство к природе и поле. Во время варки Мусайлайсы, уйгуры любят добавить некоторые другие вещи. Обычно они добавляют кровь голуби, лициум, сафлор, заразиху и другие лекарственные сырья. Население Хотан любит добавить роды в Мусайлайсы, это делает его более ароматным. Население в уезде Авати добавляет целую жареную овцу, когда баранина полностью растворится в вине, и выносит остов овцы, и Мусайлайсы изготовится. Такой Мусайлайсы богат питанием, является самым мутным, люди называют его «Жоуцзю». Винная фабрика из фруктов, устроена между канавой винограда и городом Турфан, заимствует внутреннюю первоклассную линию

Винограды здесь сладкие и вкусные

Созревший виноград   Комната сушки

производства варки, сохранения и упаковки в банки вина, линию производства консервов из винограда, хамийской дыни и тутовых ягодок и концентрированных соков с мягкой упаковкой, крупный складхолодильник с фруктами многих тонн. Вино с полным соком, производно на этом месте, хорошо продаётся во всей стране. В глубине канавы винограда расположен увеселительный сад винограда, который специально устроен для китайских и зарубежных туристов, его площадью тысячи кв.км. Здесь зелень покрывает солнце, зелено и изумрудно, источник течёт, виноград сладкий, танцы красивые.

Турфан является важной базой производства изюма Китая. Турфан расположен в долине между горами востока Тянь-шань Синьцзяна, площадь посадки винограда на этом месте до 500 тысяч му, годовая продукция винограда 500 тысяч тонн, сортов винограда больше ста. Продукция изюма Турфана занимает 40% Китая. По сортам виноградов, изюм Синьцзяна делится на белый изюм без косточек, зелёный изюм качественной степени, зелёный Сянфэй без косточек, розовый Сянфэй без косточек, красный Сянфэй без косточек, Ванчжунван, Манэйцзы,

Изюм

Наньжэньсян, Мэйгуйсян, Цзиньхуанхоу, Сянфэйхун, Хэйцзялунь, Шамован, шоколад, Суаньнайцзы, Сосо, Кашхар, Жицзягань и т.д. Сахаристость изюма из белого свежего винограда без косточек до 60%, считается самым ценным из изюмов. Имеются три метода обработки изюма. Первым является прямое созревание под солнцем, получается бурый изюм. Вторым является сушение в пышной комнате. На территории Синьцзяна только долина Турфан и район Хотан так производят. Климат здесь сухой, осенью температура высокая, часто дует сухой и горячий ветер. Пышная комната построена на крыше или косогоре, высота 3 метра, ширина 4 метра, длина 6-8 метров, кладена из самана, на стенах полностью положены дорожки душника. В комнате положены ряды колод, висят связки зрелого винограда на них, под веянием сухого горячего ветра, в течение 30-45 дней и становятся зелёным, сладким и питательным изюмом. И так приготовлен известный зелёный изюм без косточек Синьцзяна, его сахаристость до 69,71%, кислотность 1,4%-2,1%. Третьим является быстрый метод приготовления изюма. Сначала обработать виноград дегидратирующим реагентом, потом в пышной комнате сушить или высушить сушильным агрегатом, время приготовления изюма сильно сокращается. Синьцзян имеет длинную историю приготовления изюма. По записи

«Записки времен Тайпинов», во время великой гармонии страны Лян Южных династией (535-546 год нашей эры), страна Гаоцан (находится в нынешнем уезде Турфан) посылала посланца посвятить изюм императору Лянву. Изюм с Турфан не только продаётся в разных провинциях и городах Китая, но и в Японии и Юго-восточной Азии.

Виноград, как необычные фрукты Синьцзяна и известные продукты Турфана, получает горячее «хваление» людей. Кушать в сыром виде или использовать его в качестве лекарства, его ценность так высока, что не зря он называется «золотая связка» Турфана.

«Звезда» среди фруктов – хамийская дыня

Путешествовать в Синьцзяне и не пробовать настоящую хамийскую дыню, равносильно тому, что вы побывали в Пекине и не видели Тяньаньмэнь, а это значит, что вы не побывали в Синьцзяне. Хамийская дыня, один из фруктов со спецификами в Синьцзяне, люди очень любят её, потому что она имеет полную фигуру, свежий и сладкий вкус и настоящий и долгий привкус, является настойчивой «звездой» среди фруктов.

Имя «хамийской дыни» зародилось торжественным образом еще давно, оно происходит из речи важной особы императора Канси. В 1698 году, императорский дворец династии Цин отправил Ланчжун Палаты по делам инородцев Пурсэ в Хами составить право на жительство, император Хами торжественно и горячо угощал его. После много разовой пробы, Пурсэ хвалил вкусную и необычную хамийскую дыню, и советовал Ебэйла посвятить хамийскую дыню императорскому дворцу в дар. Зимой этого же года Ебэйла навестил императора. На дворянском Новогоднем пиршестве, Император Канси и все министры попробовали эту сладкую и вкусную «святыню», все они похвалили её, но они не знали, откуда «святыня». Император

Канси спросил министров, но они тоже не знали. Потом Ебэйла ответил: «Население Хами посвятило её, специально посвятило императору, императрице и министрам пробовать для того, чтобы выразить пожелание чиновника». Услышав, император подумал, такой вкусной дыни надо дать громкое и красивое имя, она происходила из Хами, и тоже посвящена Хами, почему не называть её «Хамийской дыней»? После наступления Ганси, все министры радовались, и похвалили мудрость Ганси. С тех пор хамийская дыня известна всему миру по этому названию.

Сто лет тому назад, император Ганси не думал наверное и не предполагал, что названия хамийская дыня вызвало драматическую «большую войну» в регистрации современной марки. Для того, чтобы захватить марку свидетельства о первоначальном месторождении хамийской дыни, Хами и Турфан прошли долгую «войну». В 1995 году, Хами заявил зарегистрировать марку свидетельства первоначального месторождения хамийской дыни, причина в том, что говорят, название «хамийской дыни» происходило из «императорского документа» Ганси, после этого, все сладкие дыни в Синьцзяне называются «хамийская дыня». Население Хами считает, что марка хамийской дыни осталась предки, надо хорошо охранить это наследство. Но акт населения Хами рассердил соседний уезд Шаньшань в Турфане, Борьба за марку продолжилась 7 лет, в этот период две стороны

Хамийская дыня

Дыня Насикан

использовали много персоналов и вещей для свидетельствования подчинения первоначального месторождения хамийской дыни, даже пригласили специалистов из других провинций. Но, в конце концов, на основе общих интересов и защиты марки, две стороны пришли к компромиссу. Они вместе пользовались интересами, повысить качество и защитить марку становятся их сознание.

Почему название вызвало долгую борьбу двух района? Хамийская дыня действительно имеет такую ценность? Если у вас есть такое сомнение, то значит, что вы не хорошо узнаете о хамийской дыни. Старые сказали: «Все сладкие и вкусные дыни происходят из Хами.» Давно хамийская дыня известна, в древности называется Тяньгуа или Ганьгуа. Хами имеет название «Царь среди дыни», сахаристость около 15%, фигура разная, вкус необычный, некоторые с вкусом крема, некоторые с ароматом лимона, но все они сладкие и ароматные.

Первоначальное месторождение хамийской дыни является уездом Шаньшань, является известным продуктом в истории Шаньшань, самым известным продуктом в Синьцзяне. Сорт хамийской дыни до 100, фигура эллиптическая, яичная, плоская и барочная, размер неодинаковый, маленькая 1 кг, большая 15-20 кг, кожа фрукты рифленая и гладкая, цвет зелёный, жёлтый, белый и т.д., мякоть белая, зелёная и апельсинная, мясная субстанция хрупкая, рассыпчатая и мягкая, вкус ароматный, свежий, фруктовый и т.д., дорогие сорта больше 50. Сотканное дыни Дунху красивое, вкус как груша, сладкое и свежее, выпускает прекрасный молочный аромат, фруктовый аромат и винный аромат. Облик Хэймаомэй эллиптический, на коже есть больше десяти чёрно-зелёных длинных узоров, как брови красавицы, мясо дыни зеленое, содержит много сока, сахаристость высокая, зимой кушать и более ароматная, сладкая и вкусная. Хунсиньцуй, цвет оранжевый, с молочным вкусом,

Бахча Насикан

крепкий аромат плавает, после принятия долго вкусно. Кожа Хуанданьцзы золотая, фигура круглая, мясо как ланолин, мягкое и сладкое, положить дыня в комнате, и целая комната ароматная. Сюелихун, толстая дыня, выработана исследовательским институтом хамийской дыни в Синьцзяне, относится к средне-переспелому сорту, вегетаивный срок фруктов около 40 дней, плод эллиптический, кожа фрукта белая, во время зрелости красная, её вкус прекрасный, в центре сахар светопреломления больше 15%, вес дыни около 2,5 кг. Район распашки пяти семей на востоке Джунгарской равнины включает все достоинства, выработать Вангэсян, Сянлихуан и другие сорта.

Хамийская дыня широко распространена, выращивается в 13 районах и автономных округах Синьцзяна. Известный район в восточном Синьцзяне расположен Хами, в южном Синьцзяне находятся Кашгар и Турфан, Шаньшань и Токшень в долине Турфан. В северном Синьцзяне есть Мицюань, Шихэцзы и Шавань. Турфан и Кашгар издавна имеют название «Родина хамийской дыни». Во время династии Юань и Мин, хамийская дыня широко насаждена. Ли Чжичан при династии Юань в «Путешествие на запад духовенства Чанчунь» похвалил: «Ганьгуа как подушка, аромат покрывает Китай». В оазисах всей страны можно посадить и выращивать хамийскую дыню.

Хамийская дыня в отличии от других фруктов Синьцзяна, ограничена территорией и средой, выращивается только в Синьцзяне, хотя хамийская дыня, и насаждена за Синьцзяном, но качество и продукция хуже, чем в Синьцзяне. Необычная географическая позиция и природная сфера Синьцзяна, словно специально существует для хамийской дыни. Синьцзян расположен в внутренних районах Евразии, относится к типичному континентальному климату, целый год мало дожди, климат сухой, часы солнечного освещения длинные, температурная разность дня и ночи большая, плюс содержание

калия высокое, грунт рыхлый, содержание песка большое, выражает щелочность, они приносят пользу растению хамийской дыни.

Хамийская дыня сладкая, но её сезонность сильная. Для того, чтобы целый год кушать её, умное население Синьцзяна использует сухой климат в Синьцзяне, суша свежую хамийскую дыню превращают ее в сухофрукты, её не только легко хранить, но и удобно транспортировать в другие районы Китая и всего мира. Метод сушения сухофруктов из хамийской дыни простой, вымыть свежую хамийскую дыню, удалить семя и кожу. Кусочек шкурки с мякотью, говорят, что это способствует понижению температуры. Для того, чтобы ответить требованиям к здоровью и качеству современника, в процессе приготовления, люди сочетают традиционный способ с современной техникой, качество сухофруктов из хамийской дыни хорошее, вкус сладкий, мягкий и богат вязкостью, часто

Уличная лавка хамийских дынь

Сушение сухофруктов из хамийских дынь

принять может стимулировать кровообращение и помогать от малокровия, добавить нужные глюкоза, микроэлементы и разные витамины. Можно прямо кушать сухофрукты из хамийской дыни, и можно приготовить в разные кондитерские изделия, например, приготовить сладкий пилав с помощью сухофруктов из дыни, сухофруктов из абрикоса, изюма и риса, это является национальной пищей. От того, что сухофрукты из хамийской дыни Синьцзяна вкусные, необычные, подходят старым и молодым, продукт продаёт в Китае и за рубежом, являются идеальной пищей угощения гостей, путешествия и подарок родными и друзьям.

Хамийская дыня не только вкусная, но и питательная, имеет высокую медицинскую ценность. Характер хамийской дыни холодный, вкус сладкий, содержит белки, питательные волокна, каротин и т.д., мякоть имеет функции стимулировать мочеиспускание, утоляет жажду, снижает температуру,

Хамийская дыня

может облегчить лихорадку, солнечный удар, удаляет инфекцию в уретре, нарыв во рту и носе и другие симптомы, является летней ценностью. Хамийская дыня имеет виднее стимулирующее действие на кроветворную функцию тела, можно принять как продовольственная терапия малокровия. Если вы чувствуете усталость, нетерпеливость или дурной запах изо рта, принять хамийскую дыню может улучшить. Исследование современной медицины заметило, плодоножка хамийской дыни и других сладких дыней содержит горький токсин, может возбудить слизистую оболочку стенок желудка, вызвать рвоту, принять подходящее количество может срочно спасать продуктовое отравление, а кишки и желудок не принимают, является хорошим рвотным средством. Хамийская дыня сладкая и вкусная, мясо тонкое, мясо, близко от семени сладкое, близко от кожи твёрдое, поэтому лучше тонко резать кожу, кушать вкусно.

Китайская медицина считает, что характер видов дыни склонится к холоду, имеет функции лечить голод, лечит запор, помогает дыханию, удаляет жар легких и успокаивает кашель, подходит почечнику, страдающему от гастропатии, запора, малокровия и кашля. Хамийская дыня не только фрукты лета, но и эффективно предупреждает от образования загара. Летом ультрафиолет может проходить кожа и нападает на слой дермы, сильно ударяет оссеину и эластин в коже. Если это долго продолжает, то кожа расхлябанная, и появляются морщины и мелкие жилы, в то же время и происходит то, что меланин оседает и новый меланин образуется, кожа чёрная, матовая, появляется трудно уничтоженное солнечное пятно. А в хамийской дыни есть богатый антиокислитель, может эффективно повысить способность против загорания и предупреждения загорания клетки, снижать образования меланина. Кроме того, каждый день кушать половину хамийской дыни может добавить водорастворимый витамин С и витамины рода В, может гарантировать требования нормального метаболизма организма. В хамийской дыни содержание калия высокое, может помогать содержать нормальный темп битья сердца и кровяное давление тела, эффективно предупредить коронарную сердечную болезн, в то же время калий может предупредить мускульную судорогу, стимулировать выздоровление поражаемого члена.

Груша на берегу реки Павлин вкусная

Есть груша, ещё не зрелым, его уже много заказывают, потом продаётся за рубежом. Когда она зрелая, и часто можно видеть такое явление – груша падает и становится «порогом воды». Но, такое явление не во всех садах груш внутренних районах, это только появляется на берегу реки Павлин. На красивом берегу реки Павлин, легкий ветерок дует, и крепкий, необычный аромат плавает, привлекая пчел и бабочек, садовники рады, туристы забывают вернуться, причина в том, что она является грушей Курля.

Если хотеть узнать про настоящую грушу Курля, надо начать это с реки Павлин. Говорят, давным-давно, в старой стране Яньци была одна царевна. Эта красивая царевна целый день была грустная, не знала почему, сын одного министра

Таир, кто тайно её любил, увидел и взволновался. Однажды, царевне приснился сон, во сне она попробовала грушу, которую никогда не кушала, и сразу развеселилась и нашла свою бывшую радость. Проснувшись, она сказала королю, что хочет найти это дерево груши, тогда король приказал найти это дерево за награду. Таир узнал об этом шансе, поэтому он обошел все горы и перешел все реки, смело боролся со зверями и птицами, через 3 месяца, он нашёл такое дерево груши и перенес его на родину. Увидев, царевна радовалась, с Таиром вместе уходили за деревом груши. День за днём, по растению дерева груши, они и создали глубокую эмоцию. Но когда они готовили жениться, вождь племени, кто обладал деревом груши, посылал убийцу тайно убить Таира, и бросил труп Таира в реку около королевства. Узнав об этом, царевна, убивающаяся с горя, после последней заливки дерева груши она решительно и непоколебимо бросилась в реку, после смерти возлюблённого покончила жизнь самоубийством. Когда принцесса бросалась в реку, из реки вылетели два павлина, поэтому люди называли эту реку река Павлин.

О происхождении груши Курля имеется и другая печальная, но красивая легенда. По легенде, в древности в Курля была умная и красивая девушка, её звали Элимань. Для того, чтобы земляки на обширном море могли кушать грушу, она, не боясь трудностей, в течении 3 лет она искала качественный саженец груши, на востоке моря, на западе и в южных странах. Однажды, она нашла качественный сорт, и привила эти дерева груши с местными дикими грушами, но только получила одну. Под её тщательной опекой, дерево груши цветило, получило плод, аромат вкусный, по ветру плавал, груша вкусная и сладкая, люди рады назвали её «Найсимути». Потом местный помещик слышал об этом, он хотел отнять дерево груши, но девушка отказала его. От раздражения помещик жестоко убил девушку и рубил дерево груши. Но весной второго года дерево груши чудесно выпустила молодую почку, и цветила, получила плод. Люди сказали, это душа девушки, и вынесли дерево груши и широко насадили. И так родилась груша Курля.

Легенда легендой. На самом деле, происхождение груши Курля можно проследить от династии Тан. Испокон веков, от качественного сорта, необычного вкуса и печальной, но красивой легенды, она получает широкого принятия и любви. Хотя груша Курля маленькая, но она является «звездой», получила великую премию в мире. На французской международной ярмарке 20-гг 20 века, среди 1.432 видов груш, груша Курля получила серебряную медаль, уступала только французской белой груши, называлась «Царица груш в мире». После образования КНР, груша Курля многократно занимает первое место в сравнении фруктов всей страны, в 1957 году, на производственном собрании груши всей страны она

Груша

занимала первое место, в 1985 году, она была рецензирована как качественный фрукт страны, в 1999 году, на Всемирной ярмарке в Кун груша Курля получила золотую медаль. С поступлением на международный рынок с 1987 года, груша Курля горячо продаётся. В сентябре 1986 года, после того, как Британская королева Элизабет попробовала грушу Курля в пекинском Доме народных собраний, часто кивала и хвалила. С тех пор груша Круля приписана к первоклассным фруктам для угощения дорогих гостей.

Поговорка гласит, «хорошая гора и хорошая вода рождают хорошую грушу». Речная вода из реки Павлин орошает и увлажает грушу Курля. Чистая таенная снеговая вода из гор содержит минеральное вещество и анион. День ото дня, год от года, вода, не обменяется с атмосферой, сохраняет питательные вещества, по корпусу горы спускает, течёт по канаве, увлажает крупные сады груши под Тяньшань. Плюс то, что солнечное сияние в Синьцзяне достаточное, температурная разность дня и ночи большая, это сохраняет влажность и сахар груши, это является причиной того, что груша Курля более сладкая, чем другие сорта. Трудно вымыть кожу зрелой груши, потому что на её поверхности закутать толстый слой сахара, как защитная оболочка, изолирует перемену воздуха и питания, замедлит скорость окисления. Кожа груши Курля тонкая, кушать с

Груша Курля

кожей нет чувства крошки, во время снятия, падает с дерева и разбит в мелкость. Её сахар примеренный, мясо подходящее. Средняя сахаристость груши Курля выше 9,75%.

Несмотря на то, что шкурка груши Курля тонкая, мякоть хрупкая, оно может храниться долго. Сорвав грушу чтобы сохранить его до зимы, необходимо положить её в необитаемой комнате или землянке, при этом надо обратить внимание на вентиляцию это места, если выполнить все верно, то до следующей весны груша сохранит свой вид и даже вкус. По истечению времени, цвет груши становится золотой, испускает крепкий аромат. Экстенсивные продукты из груши богаты, касательно медицины, здравоохранения и т.д., ее не только можно принимать в сыром виде, но с нее и можно приготовить грушевое вино, грушевую пасту и другие соответствующие продукты питания. Кроме того, она имеет лечебные свойства, охлаждает сердце, рассасывает воспаление легких и устраняет нарывы и яд алкоголя.

Люди, кто часто едят грушу Курля и замечают, что облик груши разный. В самом деле, в облике груши Курля разделяются на мужскую и женскую. Пуп на голове груши входящий, является мужской грушей, впалый является женской грушей. Обычно женская груша хрупкая и тонкая, а мякоть мужской груши грубоват, семена большие. В Курля и Улумци, люди не любят грушу экитры-класса, только любят женскую грушу, цена ящика с женскими грушами тоже выше груши экитры-класса. Особенно зимой, если можно пробовать грушу Курля, то это «престижное» дело. После долгой зимы, проходит короткая и прекрасная весна. В начале апреля каждого года, на оазисе Курля словно только что шёл снег, цвет груши безграничный, привлекает пчелу, и туристы непрерывно хвалят.

Груша Курля выбирает выращивание сеянцев семени дикой груши на горах Тянь-шань как подвой, имеет преимущество

против холода, засухи и повреждения вредителями и болезнями. Во второй или третий год после выживания дерева груши и прививают, после 5 лет и плодоносят, после 10 лет входят в период плода. Дерево груши обычно разделяется на 3 слоя, высота около 3 м, некоторые сорта могут выжить сто лет. Традиционная груша не опыляется, вес груши не больше 100 г, во время зрелости цвет груши золотой, кожа тонкая, мясо нежное, вкус ароматный. Во время зрелости, в саду фруктов плавает крепкий аромат. Если в комнате положить несколько ящиков зрелых груш, целая комната полна аромата с вином. В сахаре, влажности и аромате другие груши в Китае и за рубежом нельзя соперничать с ней.

Все узнают грушу Курля, и знают место Темэньгуань, груша на этом месте большой, цвет яркий, мясо хрупкое, влажность достаточная. Это от того, что Темэньгуань далеко от земной жизни, тайно расположено на плодородной почве на

Дерево груши

берегу реки Павлин на высоких хребтах гор, ресурсы света и энергии богатые, средние часы солнечного освещения больше 9 часов. При освещении высокой температуры и сильного света, фотосинтетический эффект высокий, дерево груши высокое, ветви и листья развесистые, называется «земной сад груши». Темэньгуань является первоначальным месторождением груши Курля, является первой временной квартирой среди моря груши. Конечно, в том числе не исключаются причины передачи.

Как слово «сладкая» может описать грушу Курля? Кроме прекрасного вкуса, груша Курля ещё и содержит высокую ценность питания. Современная медицина считает, что груша содержит богатые углеводы, достаточную влажность, много видов витаминов, минеральных веществ и микроэлементов, может помогать выпускать яд, умягчать жилу, стимулировать кровообращение и абсорбцию кальция, сохранить здоровье организма. В то же время, груша имеет важное облегченное действие на симптом «три высокого», имеет важную медицинскую ценность для лечения гипертонии, гипергликемии и большого содержания жира в крови. Если простудиться, ничего, кушать несколько груш Курля, не только можно облегчить головную боль, лихорадку и другие симптомы, ещё и можно способствовать слюноотделению и удалить жажду, повысить аппетит и укрепить селезенку, хотя она не может «лечить сто болезней», но всё ещё имеет прекрасное действие.

Святой фрукт Тянь-шань – Баданьму

Входить на рынок специальных продуктов Синьцзяна, вы можете увидеть разные сухофрукты, а большинство является Баданьму. Для Синьцзяна, Баданьму как визитка этого района, широко известно в Синьцзяне и за рубежом, как «известная кулинария» ресторана, привлекает тех, кто входит в Синьцзян пробовать его.

Баданьму Синьцзяна происходит из древней Персии, с династии Тан началось насаждать, имеет историю более 1.300 лет. Местный Баданьму лучше, в жирности и сахаристости выше иностранного Баданьму, вкус более ароматный и вкусный. Это благодаря высокоодаренным природным условиям Синьцзяна, температурная разность дня и ночи большая, часы солнечного освещения долгие и сухие. Для того, чтобы привыкать такой сфере, в теле растения копит много сахара и масла, поэтому фрукты Синьцзяна необычно ароматные и вкусные. На бытовых ручках ножа, шапке и ковре уйгуров, мы часто видим простую картину луны, такую картину берут из любимого дорогого вещества уйгуров – Баданьму. Любовь населения Синьцзяна к Баданьму вникает в костный мозг, совсем уже соединяет с их душей и мыслью, нельзя отделить.

Население Синьцзяна очень мудрое. Из одного продукта, можно приготовить разный вкус. Важнее, каждый вкус Баданьму привлекателен. Разновидностей Баданьму в Синьцзяне много, имеются около 30 или 40 видов, разделяются они на 5 семейств, ими являются: серия сладкого абрикоса Бадань с мягкой скорлупой, серия сладкого абрикоса Бадань, серия сладкого абрикоса Бадань с толстой скорлупой, серия горького абрикоса Бадань и серия абрикоса Таобадань. Самыми хорошими сортами являются начальные две серии Бадань с поверхностью бумаги и Бадань с мягкой скорлупой, языком уйгуров называется «Писткакацзыбаданьму» и «Какацзыбаданьму», они являются наилучшим качеством среди Баданьму. Несомненно, кожа Баданьму с поверхностью бумаги тонкая, плод крупный, удобно принять, вкус ароматный, легко зажать рукой, и крупный плод падает. Баданьму с толстой скорлупой наоборот, кожа относительно толстая, нелегко падает, иногда требовать маленького инструмент для открытия. Конечно, сорт с толстой скорлупой имеет преимущество, сохранять богатую питательность. А горький Баданьму, друзьям с общим вкусом советуем не пробовать, потому что не все люди его любят. Остальные десяти Баданьму разные, это причина того, что люди любят Баданьму Синьцзяна.

Если хотеть наблюдать и пробовать настоящий Баданьму, лучше поехать в «Бэйгочунь» Улумчи. Баданьму там вкусный, без ходульного. Там вы можете прямо увидеть все сорта. С начала улицы до конца, каждая семья горячая, и угощает вас пробовать. Они не только продают, но гордятся за Баданьму, ведь корзины Баданьму, как их надежда, светятся золотом.

Основное месторождение Баданьму находится в уезде Шуфу, Янгисар, Яркенд, Каргальк и т.д. на юге оазиса Кашгара Тянь-шань, Баданьму имеет необычный сладкий вкус. Говорят, что питание Баданьму выше говядины на несколько раз, население Синьцзяна принимает его как укрепляющее средство. По зрелости Баданьму в фруктовом саду, все люди приходят и заказывают. По вкусу Баданьму разделяется на пять видов: оригинальный вкус, сладкий вкус, вкус чеснока, пряный вкус и острая приправа из молотого перца с солью. В том числе, Баданьму острой приправы из молотого перца с солью, в нём принимают соль как сырьё, прилагают разные ароматические вещества, сначала надо солить, потом высушить, в орехе есть соль и ароматические вещества, не очень соленый, вкус с острой приправой из молотого перца с молью и немножко сахара, очень вкусный, и люди не терпят кушать второй. Оригинальный Баданьму твёрдый, как миндаль, орех в нём сладкий, вкусный, но тяжело кушать. Поэтому самый любимый является Баданьму с тонкой кожей острой приправы из молотого перца с солью, уйгуры называют его «Какацзыбаданьму», в языке уйгуров «Какацзы» означает «тонкий». Перед кушаньем только нужно легко зажать рукой, и полный, вкусный орех Баданьму появляется, его зовут «Баданьму с поверхностью

Баданьму

бумаги». Сладкий Баданьму является тем, что приготовить сладкий Баданьму в соус, в медицине получает хороший эффект, применять в вспомогательном лечении больного нефролитом, от того, что его вкус прекрасный, без ядовитого побочного действия, больной рад принять, и долго принимает.

Питательная ценность Баданьму широко применяется в медицине, он имеет характер облегчить легкие, устранить голод, рассеивать холод, выгонять ревматизм, прекратить понос и т.д., обычно принять успокоить кашель и устранить мокроту, он является прекрасным лекарством от трахеита, астмы, гастроэнтерита, кислотно-щелочного отравления и других болезней. В медицине уйгуров Кашгара, 60% лекарства содержит его, народный врач уйгуров принимает его при лечении гипертонии, неврастении, аллергию кожи, трахеит, рахит ребенка и другие болезни. Заболеваемость близорукости уйгуров заметно ниже китайцев, это имеет дело с хорошими жизненными и питательными привычками этой нации. Сладкий абрикос Бадань является продуктом уйгуров. С одной стороны, в употреблении большом количестве сладкий абрикос Бадань имеет свойства улучшить зрение.

Лаборатория свидетельствует, питательная ценность Баданьму выше говядины одинакового веса на 6 раз. Это от того, что орех содержит больше половины растительного масла, белок составляет около 30%, и содержит немножко Витамин А, В1, В2 и пищеварительный энзим, энзим миндаля, кальций, в то же время и содержит железо, кобальт и другие 18 микроэлементов. В маленьком миндали содержатся огромная энергия и питательная ценность, поэтому не только китаец любит его, но и иностранец любит его. Некоторые страны варят молоко из абрикоса Бадань, винное тонизирующее средство Баданьму, сдержанное противоболевое лекарство из горького ореха. Некоторые американские больницы часто принимают порошок из Баданьму лечить диабет, эпилепсию и другие симптомы детей, эффект видный, в последние годы, ещё и выработать новое лекарство из хлоргидрата глобина горького Баданьму, специально лечит простуду эпидемии. Халод Маньна, декан факультета биологии университета Лоюла в Чикаго Америки, в докладе заметил, горький орех Баданьму лечит рак.

Конечно, Баданьму привлекает людей не только от его вкуса и медицинской ценности, но и от высокой здравоохранительной функции, это делает его выдающим среди местных продуктов Синьцзяна. Научное исследование выражает, Баданьму защищает кожу, потому что он является здоровым продуктом с богатым витамином Е и антиокислителем. Ладонь Баданьму предоставляет витамин Е 7,3 миллиграмм, а витамин Е может эффектно противостоять свободному радикалу, играет роль сохранить влажность кожи и замедлить стареть. Он ещё и

Баданьму

полезен для здоровья сердца. В Баданьму непредельные жирные кислоты до 70% стимулирует снижать уровень «плохого» холестерина. Принять Баданьму может эффективно снизить содержание холестерина и триглицерида в теле, снижать потенциальную угрозу приступа сердечной болезни. Другая важная роль Баданьму состоит в сохранении здоровья кишечного канала. Соответственные исследовательские результаты показывают, что Баданьму имеет специфики болезного биоэлемента, через повышение болезного биоэлемента в кишечном канале, улучшить здоровье кишечного канала, стимулировать дефекацию. Если вы хотите ограничить вес, Баданьму является хорошим выбором. Принять Баданьму производит видное насыщение, и помогает ограничить абсорбцию других высококалорийных продуктов, во-вторых, питательные волокна в Баданьму снижают абсорбцию жира, и эффективно ограничить вес. Поэтому много женщин любит Баданьму – кто может не любить укрепляющее средство? Баданьму ещё и имеет другое действие, сохранить уровень глюкозы крови. Исследование показывает, на завтрак принять Баданьму или принять после обеда, эффективно ограничивает чрезмерное количество глюкозы крови. Этот результат может помочь больному в начальном периоде заболевании сахарным диабетом и снижать риск заболевания им.

Белый абрикос с мясом

Когда упомянуть «Королевство Куча», может быть, вы вспомните о истории старого села «Куча», когда упомянуть «Шёлковый путь», может быть, вы вспомните о большом экономическом селе «Куча», когда упомянуть «родина китайского белого абрикоса», вы можете ли вспомнить о «Куча»? На этой чудесной почве растёт необычный белый абрикос известный в Китае и даже в мире. Он имеет историю более 2.000 лет, нынешние сохраненные качественные сорта больше 20, размер некоторых как яйцо, размер некоторых как личжи, красный, белый и жёлтый перепутают, как красивая девушка уйгуров, очень чудесная. Среди них, «Акэсимиси» является наилучшим из наилучших, в китайском языке означает «белый мед», мякоть толстое, волокна тонкие, сока много, вкус сладкий, есть наполнив рот это прекрасно. Говорить по выражению местного населения: «Акэсимиси, очень сладкий! Попробуйте! Сразу до пояса!»

«Один абрикос равен пакету меда, цвет красивый, вкус крепкий, аромат прекрасный». Если не кушать виноград, хамийскую дыню в Турфане, это сожаление, но не попробовать белый абрикос в селе Вуца Куча, это большее сожаление. В крике крестьяне «белый абрикос Акэсимиси», в песни «Цвет абрикоса в саду красный, но не смотреть как цвет, возлюблённый смеётся на вас, нельзя любить её...», смотреть то, что возлюблённые рядом и играют в фруктовом саду, незаметно приходить в самый большой фруктовый сад Куча – фруктовый сад Вуца, везде можно увидеть «Нунцзялэ», который местное население называется «сад абрикоса». Здесь устроилась церемония открытия международного сообщества

Цветы абрикоса

стихов южного Синьцзяна, поэт Сычуань сказал, что он как нетрудовой Баи (помещик), это является пристыженным чувством и преклонением туриста к местному населению. «Сад абрикоса» разен с внутренним «Нунцзялэ», и разен с «коридор винограда» Турфана. Когда вы поднимаете голову, солнце сквозь лист осветит на жёлтые фрукты, когда вы дышите, в воздухе полно аромата абрикоса, когда вы трогаете, плод круглый и гладкий. В это время, верить то, что вы не можете выдержать его искушение. Почему как бы этот сладкий и вкусный «белый мёд» не удовлетворял ваш аппетит? Но кушать много его нельзя, потому что этот абрикос может легко вызвать жар.

Когда кушали абрикос, косточку не бросайте, жуйте, и в нём есть вкусный «маленький миндаль», это причина, что «внутри и внешне мясо». По ознакомлению местного населения, когда старые построили стены, они положили миндаль в корпусе стены, с одной стороны для укрепления строительства, с другой стороны для того, чтобы покончить с вредным поветрием и злом. Это мудрость и богатое воображение населения старого Куча. Миндаль на севере обычно является горьким, его эффект не хуже сладкого миндаля на юге, он не только является хорошим лекарством для лечения болезни, но и сырьем вкусной кулинарии.

В конце августа того года, я уехал в командировку в Куча, с радостью пробовал белый абрикос Куча, не думал, что белый абрикос уже с полки. По ознакомлению местного населения, я пошёл на самый большой оптовый рынок белого абрикоса – вокзал пробовать. Везде были мелочные торговцы, крик плавал, но поставили не абрикоса, а большинство являлось водкой из абрикоса, сушеными абрикосами, миндалем и курагами. Я и смотрел на инструкцию продукта, и спросил торговцев: когда можно кушать «белый абрикос Акэсимиси»? Он уверенно сказал: «Белый абрикос является нашей стоечной

Абрикос

промышленностью, не только горячо продаётся в Китае, но и в районах Юго-восточной Азии. В июне и июле, абрикос проявляет себя на рынке. Но выработанный абрикос тоже очень вкусный, можно пробовать». Если хотеть кушать настоящий белый абрикос, надо в июне и июле, сезон «борьбы», приезжайте в Синьцзян, в Куча. Гостеприимное население Синьцзяна разрешает вы погулять в саду абрикоса, снять абрикос, кушать абрикос. Вы можете увидеть то, что крестьяне снимают абрикос, с утра до вечера устраняют кожу абрикоса. Вы наслаждаетесь не только пиршеством «благо абрикоса», но и чувствуете необычную культуру абрикоса Синьцзяна.

Когда упомянуть белый абрикос, надо говорить об абрикосе Сэмайти, это известное как одно из «трёх сокровищ» Янгисара,

Созревшие абрикосы

Сушенные абрикосы (курага)   Цукат из абрикоса

как и нож Янгисар. Есть такая легенда: несколько столетий назад, в Эгис узеда Янгисар (нынешняя деревня Эгус уезда Янгисар) жил фруктовый крестьянин, его звали Сэмайти. От тогдашней жары и сухости он не мог терпеть и убежал на нагорье Памир, до полосы Средней Азии, внезапно он заметил то, что там росло прекрасное дерево абрикоса. После этого, он возвратился на родину и посадил саженец абрикоса в своем саду, никак не думал, что он в том же году получит плод, и лучше, чем абрикос в чудной стране. Во второй год, Сэмайти привил ветки абрикоса на другие дерева абрикоса, они тоже выжили и дали плод. Потом он привил это семя абрикоса везде, с тех пор он разбогател на абрикосе. Эти новости распространились, население посоветовалось у него, и Сэмайти передал свои опыты управления населению. Потом в память этого уважаемого старика, люди называют такой абрикос из чужой страны «абрикосе Сэмайти». Уезд Янгисар находится на западе Пика Гунгэр гор Куэньлунь, на западе долины Тарим. Всеми временами года климат на этом месте различный, но в деревни, близкая от горных районов, температурная разность дня и ночи большая, подходит тому, что фрукты накопят сахар, а абрикосе Сэмайти происходит здесь. Поэтому абрикос Сэмайти называется «Жемчуг на ледяной горе». Сейчас государственный лесопромхоз называет уезд Янгисар «Родина китайского абрикоса

Сэмайти», является производственной базой государственного качественного продукта из абрикоса.

Поговорка гласит: «Персик полезный, абрикос вредный, под деревом сливы поднять покойника». Не волнуйтесь, белый абрикос Куча не вредный, а имеет высокую медицинскую ценность, в этом его и чудо. Известное произведение лекарственного средства китайской медицины «Бэнь-цао-ган-му» обобщило три функции миндаля: увлажняет легкие, переваривает пищу. Китайская медицина часто принимает абрикос для увлажнения легких и устранить мокроту, удалить температуру и нейтрализовать действие яда. Миндаль может подкрепить инь, укрепить ян, повысить иммунитет. Питательный элемент масла миндаля имеет компенсационное и лечебное действие на сухую и испорченную кожу, можно говорить то, что имеет функцию укрепить здоровье, подходит и мужчине и женщине. Самый новый исследующий результат выражает, что в абрикосе содержит много витаминов В17, считается одним из самых хороших противораковых

Богатый урожай абрикоса

элементов, поэтому белый абрикос ещё и называется «Противораковый чудесный фрукт». Сахаристость в мякоти абрикоса Янгисар, содержит в 100 г до 18%, кроме того, каротина до 1,9%, белка до 0,9%, ещё и содержит тиамин, рибофлавин, никотиновую кислоту, аскорбиновую кислоту, кальций, фосфор, витамин и т.д., он имеет высокий здравоохранительный и противораковый эффект. Белый абрикос в Куча содержит воду 53%, остальными являются аминокислоты, витамин, сахар, разные пищеварительные энзимы и другие 11 химических элементов, которые полезны для человека, его питательная ценность выше рыбы в 2 раза, имеет определённый эффект на красоту, запор, артериосклероз, гипотрофию, гипопепсию и неврастению.

Драгоценный синьцзянский финик

Поговорка гласит: «Лучше три дня не кушать мясо, чем один день без финика. Каждый день кушать три финика, всегда быть молодым». Финик имеет богатое питание, он уже становится необходимым содержанием в традиции китайского питания, в супе, кулинарии и главных продуктах питания есть финик, это преимущественно зависит от его долгой истории, богатого питания и прочной жизненности. Финик еще и называется красным фиником, он издавна уже заключен к числу «Пять фруктов» (персик, слива, абрикос китайский, абрикос, финик). Самой выдающей характеристикой финика являются богатые витамины, он пользуется славой «Шарик природного витамина». Клиническое исследование показывает, что больной, кто непрерывно принимает финик, поправится в 3 раз быстрее, чем тот, кто только принимает витамин. Финик имеет большую приспособленность и настойчивую жизненность, имеет название «железный урожай», имеет способность выдерживать засуху и наводнение, что является важными экономическими

сельскохозяйственными культур разных районов.

Разновидностей финика много, сортов тоже много, финик Цзюнь в городе Цзяо Шаньси, финик Гоутоу в северной части провинции Шэньси, финик Хуанхэ в Нинся, маленький финик Чарклык в Синьцзян и т.д., просто все не перечислить. По питательной ценности и размеру, финик в Синьцзяне лучший. Парный финик Чарклык, финик Хами и финик Хотан представляют свойство финика в Синьцзяне.

4.000 лет назад, в древнем Чарклыке Синьцзяна была красивая легенда: если хочешь с возлюбленной быть всю жизнь, нужно найти парный финик и угостить ее, и она твердолобо будет с тобой, и никогда не расстанется с тобой. Благодаря этой легенде «парный финик Чарклык» стал необычной китайской маркой. Парный финик Чарклык еще и называется «финик Дяогань», он получил имя от того, что он высушен

Синьцзянский финик

Зеленый финик

на дереве. Долгое веяние и сияние дают парному финику Чарклык тонкую кожу, толстое мясо, густое качество, яркий цвет, высокую сахаристость, мягкий вкус сладкость и другие характеристики, кушать один и никогда не забывать. Парный финик Чарклык обладает и названием «первый финик в Китае», это получит полезность из особых географических условий. Уезд Чарклык находится между пустыней Такла-Макан на юге Синьцзяна и горами Алтынтаг горного хребета Куэньлунь, на востоке соединяется с провинциями Ганьсу и Цинхай, на юге примыкает к Тибету, долго орошен талым снегом и льдом ледника. Максимальная температурная разность дня и ночи – 28 градусов, источник света и энергии богатый, время без инея длинное. Все взятое позволяет парному финику Чарклык содержать много видов аминокислот и другие питательные элементы (белок, жир, сахарид, органическую кислоту, витамин А, витамин С и микродозный кальций), долго принимать лучше

панацеи.

Когда речь идет о финике, люди упоминают о Хами – портал Синьцзяна и захваченное место для армии. Люди, кто побывал в Синьцзяне, знают этот город, и знают «финик Хами». По слухам, когда император Чжоуму обходил западный район, он прошел пять крепостей (нынешнее село Вубао в городе Хами). Среди окружающих была одна высокая девушка с глубокими глазницами, большим носом и желтыми волосами очень отличалась. Император Чжоуму смотрел на красивую девушку и окружающих народов, заметил, что местное население не похоже на население центральной равнины, и спросил девушку: «Вы местная туземка?» Девушка смеялась и ответила: «Мы живем здесь уже много лет». Император Чжоуму качал головой и спросил: «Я приходил по путям, и чувствовал то, что вы похожи на население в районе Цуулин и Лоулань, вы имеете общих предков?» Девушка удивилась и ответила: «Вы правы, мы имеем общих предков, мы происходили из долины Хами, потом и здесь заселились». Девушка сказала и подала каменную тарелку императору Чжоуму: «Пробуйте наш финик!» Император смотрел и удивительно сказал: «Ой, какой большой финик! Обходив целый Китай, и не увидел такого.» Потом он тщательно взял один, положил в рот и жевал. Девушка и окружающие люди увидели, что император уже закрыл глаза от угара. Через долгое время император медленно открывал глаза, непрерывно похвалил: «Вкусно! Вкусно! Это какой финик?» Девушка немедленно ответила: «Это наша местная продукция, раньше такой финик был диким, теперь мы сами его сажаем.» Император Чжоуму похвалил: «Не ожидал, что на западной пустыни есть такой вкусный финик. Климат здесь сухой, солнце сильное, но родился такой вкусный финик, видно, что это веление неба.» И так, финик Хами стал известным всему миру. Потом великий император династии Тан Ли Шиминь попробовал финик Хами и назвал его «дворянский финик», с тех пор он стал дворянским даром.

Вода и почва на одном месте питают местное население, и одновременно вынашивают хорошие плоды. Самым ценным фиником Хами является финик пяти крепостей. Село Вубао находится на краю долины Ту-Ха, климат сухой, летом температура днем выше 40℃, температурная разность дня и ночи больше 20℃, срок без осадков больше 220 дней. Специальная среда и климат дают финику в Вубао Хами такие характеристики, как шкурка тонкая, мякоть плотная, косточка маленькая, вкус сладкий, и питательная ценность высокая, особенно он содержит 8 аминокислот, которых тело человека не может составить, и является лучшим из лучших фиников. В апреле 1997 года бывший государственный вице-председатель НПКСК Сайфувин Эцзэцзы сделал надпись: «Финик Хами,

Финиковый сад

Медовый финик

неповторимый в мире». Такие святые фрукты, по-моему, очень рад есть в командиро́вке, визите и путешествии.

В Синьцзяне есть еще один вид финика, который вместе с парным фиником Чарклык и фиником Хами называются «Три сокровища среди фиников», это финик Хотан. Хотан находится на самом юге Синьцзяна, на северной широте 38,6°-40,1°, является общепризнанным «евгеническим районом фруктов». Он обладает щелочной песчаной почвой без загрязнения, которая пригодна для роста финика, 15 часов солнечного освещения предоставляет финику Хотан достаточные условия фотосинтеза. Богатые ресурсы света и жара, и ресурсы тороса и снежной воды горы Куэньлунь, которая богата элементами минерального вещества, дают финику Хотан более богатое минеральное вещество. Орошаемый снеговой водой Тяньшань, выращиваемый природной почвой, не вносимый ядохимикатом и химическим удобрением, финик Хотан становится незагрязненным, безвредным «природным зеленым продуктом» в настоящем смысле.

По сравнению с другими финиками, у финика Хотан в Синьцзяне крупинка полная, мякоть плотная, шкурка тонкая, ядро малое, питание богатое, вкус более сладкий. Каждый финик Хотан является кристаллизацией природной эссенции, имеет наилучшее качество среди фиников. Особенность финика Хотан состоит в маленьком ядре, в народе он еще и называется фиником без ядра. На самом деле, не без ядра, а просто ядро так маленькое, что не чувствовать его существованию, только чувствовать то, что финик чистый и красивый, как почечник.

С августа до октября, финики проявляют свою красоту. Смотреть

Финик Хотан

издалека, фрукты красные, как сияние заката, внимательно смотреть, финики полные, круглые, как красавицы после купания. В это время, лучше со старыми и молодыми погулять в саду финика, самим собирать свежих фиников, и делиться им с друзьями. С семьей садитесь за стол из простой синей каменной плиты, берете один финик, когда облик финика приумножит ваше видение и вкус, ваш аппетит полно открывается. Откусываете слегка, и слышите звук «Качи», шкурка красная, а мякоть темно-красная, сладкий и вкусный. Вкус, свойственно самому финику, который хорошо переносит засуху и затопление, неразборчивый, некокетливый, хрупкий, освежающий. Если вы хотите купить синьцзянский финик, не забывайте, если цвет желтый, серый или белый, то может быть, это не настоящий синьцзянский финик. Если финик кислый или без вкуса, это тоже не синьцзянский финик. Парный финик Чарклык в Синьцзяне маленький, но крепкий, финик

Хами очень полезен для малокровного человека, финик Хотан большой, мякоть плотная.

Яблоко в Аксу прекрасное

На языке уйгуров Аксу означает «прозрачную воду», он расположен на юге Синьцзяна, издавна пользующийся славой район расположен «к югу от реки Янцзыцзян за Великой китайской стеной», «родина фруктов». Климат на этом месте прекрасный, местоположение ровное, почва плодородная, источник воды богатый, солнечное освещение достаточное, срок без инея долгий. Этоне только хорошее место для путешествия, но и хорошее местоположение для роста сельскохозяйственных культур. Здесь есть финик, грецкий орех с тонкой скорлупой, яблоко, абрикос, груша, виноград, дыня и другие местные продукты, а самым известным читается яблоко с «ядром леденца». Друзья, побывав в Синьцзяне, может быть, захотят по любоваться этой земной тайной и пробовать сладкое яблоко как

Яблоко Аксу

леденец, это и есть чудо Аксу и очарование яблока Аксу.

Если оценивать яблоко Аксу, может быть, вы посчитаете, что это как пропаганда «похвалить». Давайте сначала посмотрим на его почеты! В оценке китайского яблока, яблоко с «ядром леденца» Аксу многократно получало золотую медаль, оно продается в Гонконге, Макао, Сингапуре, Малайзии, Таиланде, России и других странах и районах. В 1992 году было присвоено «Почетное свидетельство» на 48 собрании Азиатско-тихоокеанского экономического сотрудничества, в 1993 году было присвоено «Свидетельство зеленого продукта» Китая, в 2001 году было удостоено как «Известный сельскохозяйственный продукт в Синьцзяне», и удостоено обществом потребителей как «рекомендующий продукт». В 2007 году, в Пекине устроился акт «Конкурс рекомендующих фруктов для пекинской Олимпиады 2008», среди рекомендующих фруктов из 480 мест производства из 11 стран и районов, яблоко с «ядром леденца» Аксу было присвоено первой место среди всех видов яблока. Дальше давайте поговорим об известности яблока Аксу.

Яблоко Аксу в Синьцзяне пользуется славой «царица среди фруктов», его размер большой, фигура стройная, цвет яркий и красный, кожа гладкая и нежная. По внешнему виду он уже сильно привлекает людей. Сравнивая с обычным яблоком, яблоко с «ядром леденца» Аксу более сладкое. постоянное употребление его способствует пищеварению, питанию и омолаживанию лица. Яблоко с «ядром леденца» только растет на ферме Хунципо Аксу на севере Таримской равнины и на юге Тяньшань. Температурная разность дня и ночи большая, срок без инея целого года длинный, время солнечного освещения долгое, эти особенности климата делают яблоко с «ядром леденца» Аксу известным нетолько в Синьцзяне, но и за его пределом.

Может быть, вы спросите, почему называется «ядро

Красное яблоко сильно привлекающий людей

леденца»? Сахаристость в этом яблоке считается почти самой высокой среди всех видов яблок, в ядре сахаристость слишком высокая, что проявляется прозрачное явление, поэтому называется «ядро леденца». Эти «ядра леденца» часто образуют разные фигуры, как лепесток и снежинка, это является важным знаком для отличия его от других видов яблока. Во время зрелости яблока, когда погуляете в саду яблока, везде ветки с фруктами, фрукты красные и изысканные, будто скоро зреют и падают с деревьев. Не раздумывайте, сниме́те несколько яблок, чистить немножко, и можно кушать. На солнце оно выглядит как полупрозрачное тело, жевать его и слышать звук «кэ-чи», очень звонкий звук. Дальше почти излишняя сладость с химическими элементами, вызывающими аппетит, сразу покрывает ваши стенки желудка и сердце, и вы невольно восклицаете – как сладко! Правильно, яблоко Аксу очень сладкое. Благодаря своему естественному цвету, прекрасному облику, свежей мякоти, крепкому аромату, сладкому и богатому соку, хрупкому вкусу, тонкой коже и необычному внутреннему качеству, яблоко с «яром леденца» привлекает потребителей, имеет хорошую известность и репутацию, становится «известной карточкой без слов» Аксу, даже Синьцзяна.

Может быть, люди спросят, почему влажность яблока Аксу так полна? почему яблоко такое хрупкое? Кроме необычных географических условий, есть еще одна важная причина: время сбора яблок Аксу строго ограничено – в конце октября каждого года, а время сбора яблок в восточной части Китая – в августе или сентябре. Срок роста яблока Аксу достаточно продлен, и их срывают в низкотемпературной ситуации, благодаря этому

Дерево завищее яблоками

Яблоко «сердцевина леденца» Аксу

влажность яблока Аксу богатая.

Может быть, вы еще спросите, почему яблоко Аксу светлое и яркое? Это потому, что Аксу относится к засушливому климату теплого умеренного пояса, средняя годовая температура 7℃-8℃, количество осадков мало, но вода богатая. На территории Аксу расположены новая река и старая река Аксу, незамерзающая река с многими волнами, годовые расходы: 11,4 миллиона кубометров, еще и 0,5 миллиона кубометров грунтовых вод. Природные реки и озера, искусственные канавы и водохранилища, все они образуют густую водную сеть. В период роста фрукты редко страдают от насекомых-вредителей, а благодаря сухости и малым осадкам, плесень трудно растет, все это снижает воздействие насекомых-вредителей, плесени и ядохимиката на поверхность фруктов. И так поверхность яблока

Аксу гладкая и нежная, цвет яркий и светлый.

Всем известно, что «каждый день кушать одно яблоко, врач далек от себя». Не нужно подчеркивать съедобную ценность яблока. Но сейчас появились фальшивые и низкосортные товары, они приносят вред и «ядру леденца». Если хотеть кушать настоящее яблоко Аксу, то надо тщательно различать. Фигура настоящего яблока Аксу: необычный овал, на стороне, обращенной к солнцу, бывает скос; цвет поверхности фруктов естественный, грунт является зелено-желтым, на целой поверхности фруктов наблюдается естественный переход желтого, зеленого и красного цвета; на поверхности фруктов есть смутное пятно; чем стирать поверхность, тем ярче, на ней есть слой природного воска, нет шероховатого чувства, такой особенности нет у других сортов фруктов; после нареза фруктов, мякоть фруктов показывает светло-желтый цвет; он имеет необычный крепкий аромат; мякоть свежая и хрупкая, сок сладкий, корочка тонкая. Конечно, есть еще и другой легкий метод различия: поперек резать, от отложения много сахара в ядре настоящего «ядра леденца» образуется прозрачный эффект, как кристалл из меда, этого в других видах яблок не увидите.

Смоковница – «Некоронованная царица»

В период золотой осени, когда гуляете по улицам Урумчи, вы часто видите лотки, где продается золотая смоковница. Уйгуры называют смоковницу «святым фруктом», она не только вкусная, сладкая, но и имеет медицинскую ценность, его «скрытые», крепкие и сладкие характеристики как простой и горячий характер населения Синьцзяна, недаром население Синьцзян имеет необычное чувство к ней.

Кроме северо-востока, Тибета и Цинхая, смоковницу еще и выращивают в других провинциях Китая. Хотя она широко распространяется по стране, но редко сосредоточивается в

одном месте, обычно располагается в россыпь. Смоковница является одним видом из фруктовых дерев с самой маленькой посадочной площадью Китая. Поэтому хотя история насаждения и использования смоковницы длинная, но из-за маленькой площади насаждения она только включена к числу фруктов третьего поколения. Но ее пространство развития очень широкое.

Большая часть населения внутреннего района Китая не знает о смоковнице, может быть, только слышал о ее медицинской ценности. Почему ее зовут «смоковница»? На самом деле, смоковница сама является цветком, который состоит из пюре цвета, цветоложа и венчика. Ее цвет находится в внутренней завязи, точно говоря, в первообразе фруктов. Пчела влезает в дыру на дне, потом оплодотворит цвет. А мы кушаем ее большой цветонос. В языке уйгуров ее называет «Аньцзюйэр», означающий «сахарные пирожки на дереве».

Фруктовое ассорти

В Синьцзяне, если хотеть пробовать настоящую смоковницу, то надо поехать на «родину смоковницы» – город Артуш. Он находится на юго-западе Синьцзян-Уйгурского автономного района, к югу от Тяньшань, и на западе Таримской равнины. Он относится к пограничному городу, на востоке и юге примыкает к районам Кашгар, на западе и северо-востоке граничит с уездом Улугчат и уездом Акчи, на севере через южную гору Тяньшань примыкает к Кыргызстану. Он является областным центром автономной области Кызылсу-киргиз, стоит в 1.433 км. от областного центра синьцзянского автономного района – города Улумчи. Не нужно бояться далекого пути, расстояние от Артуш до аэропорта Кашгар состоит только 30 км, транспорт очень удобный.

Когда речь идет о смоковнице Артуш, в народе Синьцзяна распространена одна древняя легенда. Говорят, что родиной смоковницы является не Артуш, а Курля. В древности, один бай хотел захватить Курлю и уничтожить народ Курли. Трудолюбивое и смелое население Курли взяло оружие и развернуло борьбу против бая. К сожалению, народ потерпел поражение. Когда бай захватил Курлю, на земле с кровью крестьян росли пучки кустарников, это воплощение погибших – смоковница. «Почему смоковница золотая?» Люди поют: «Это золотое сердце противников». «Почему в смоковнице есть красные нитки?» Люди поют: «Это отомщённое пламя противника». Бай боялся этого, и велел подчиненным рубить дерево смоковницы. Один бедняк тайно выкопал саженец, шел днем и ночью, чтобы перевозить ее в родину Кашгар. Но когда дошел до Артуш, он умер. Артуш является обширной душой, плодородной землей и с поразительной волей выращивают смоковницу. И смоковница оплачивается городу расцветом экономики и вниманием народа.

Легенда легендой. На самом деле, более 1.300 лет тому

Дерево смоковниц

назад, в династии Тан или до династии Тан, смоковницу по шелковому пути перевезли в Китай. В книге «Очерки Юяна», выполненной в 860 году, пишется: «Аи происходил из Персии. Население Персии называет ее Аи. А население Фулинь ее называет Дичжэнь. Длина дерева больше 10 футов, ветки и листья густые, ветви похожи на рами. Фрукты без цветов, но красивые, красные, как хурма. В январе дозревают, как томат».

Артуш известен как «родина смоковницы», по качеству смоковницы он занимает первое место в Китае. В год она дозревает два раза, июль является кипучим сезоном летних фруктов, октябрь – сезоном осенних фруктов, поэтому с июля до октября много свежих и зрелых фруктов, тогда это и является наилучшим сезоном для путешествия. Под подставкой в саду смоковницы пробовать сладкую смоковницу очень радует. Видно, туристы входят в сад «Святых фруктов», как будто входят в земной рай.

Уйгуры любят кушать смоковницу, потому что она имеет высокую питательную ценность. Сахаристость смоковницы Артуша составляет до 24%, она сладкая, нежирная, кушать одну и забывать обо всем, имеет функции тонизирования, укрепления селезенки, защиты от ревматизма и рака, является необходимым лекарственным сырьем в медицине уйгуров, местное население называет ее «продуктом дворца». «Этот фрукт только растет на небе, на земле где существует?» Сахар смоковницы сосредоточен на ядре, поэтому, когда кушают ее, население по привычке, сначала хлопает рукой, чтобы сахар ровно рассыпался, так кушать вкуснее. Вы тоже можете попробовать.

Во многих местах Синьцзяна вы можете видеть смоковницу. На коврах, зданиях, ноже и одежде часто нарисована картина смоковницы. В сезоне спелости, на рынке и улицах крестьяне продают круглые, золотые смоковницы. Перед ресторанами

Смоковница

Разные сухофрукты сильно привлекают людей

уйгуров всегда можно видеть несколько деревьев смоковницы, на тонких ветках растет несколько зеленых смоковниц. Хотя хозяин занят, но он тоже не забывает полить дерево смоковницы. Это любовь населения Синьцзяна к смоковнице, и очарование смоковницы.

Медицинская ценность смоковницы большая. Смоковница содержит яблочную кислоту, лимонную кислоту, липазу, протеазу, гидролитический энзим и т.д., способствует перевариванию тела, вызывает аппетит, еще и от того, что она содержит много видов жира, поэтому имеет эффект увлажнить кишки. Липаза, гидролитический энзим и другие элементы в ней помогают снижать жир крови и выделить жир крови, снижать отложение жира в кровеносном сосуде, и таким образом стимулируют падать кровяное давление и предупредить коронарную сердечную болезнь. Смоковница еще и помогает удалить жару и ликвидировать опухоль, она полезна для горла. В сыворотке незрелой смоковницы содержатся псорален, лактон и другие активные элементы, из сока зрелой смоковницы можно взять ароматное вещество «бензойный альдегид», они имеют свойства предупредить рак, замедлить развитие пересадочной аденокарциномы и лимфомы, и не наносит вред нормальным клеткам.

Сладкий арбуз в Сяеди

«Наш Синьцзян хорошее место, на юге и севере Тяньшаня расположены хорошие пастбища, гоби превращается в хорошую землю, всеми временами года фрукты вкусные…» Эта песня не только восхищение Синьцзяна, но и реальное описание Синьцзяна. «Всеми временами года фрукты вкусные» не преувеличено, «утром носят стеганку, полдень носят пряжу, за печью кушают арбуз» является необычной спецификой Синьцзяна. Всем известно виноград Турфана и дыня Хами, но кто знает то, что есть одно место называется Сяеди, есть арбуз в Сяеди? Это является тайнойр обширной земли Синьцзяна.

Город Шихэцзы восьмой армии войскового соединения Синьцзяна, где находится Сяеди, является хорошим местом, как район к югу от реки Янцзыц, еще и базой производства сельского и побочного хозяйства Синьцзяна. А «арбуз в Сеяди» пользуется славой «первый арбуз во всем Синьцзяне». Он известенразмером, каждый около 10 кг, самый маленький около 6 кг. Легенды о нем многие, но самой чудесной из них является: Жила была в древней стране Куча добрая и красивая деревенская девушка, ее звали Дилибайр. Ее голос прекрасный, как жаворонок, принесла бесконечную радость бедным землякам. Люди любили ее, как любили своего ребенка. Вскоре местная глава узнал об этом. Глава понудил ее стать своей любовницей, Дилибайр поклялась жизнью и не согласилась.

Глава подкупил земляка Дилибайра. Тот положил яд в воду, которую пила Дилибайр. С тех пор Дилибайр стала немой, не могла петь для земляков. Тогда один парень, его звали Яшэнь, который любил Дилибайра. Когда он увидел Дилибайр, убитой горем, и сам тоже стал горевать. Однажды ему приснилось, небожитель подсказал ему, что в дальнем море есть чудесное лекарство, который называется Авуцзы. Оно может лечить голос Дилибайра. Тогда он прошел трудность и наконец, в море нашел Авуцзы. Дилибайр приняла Авуцзы и возвратила трогающий голос. Для того, чтобы больше людей насладились чудесной волшебной силой Авуцзы, земляки принесли семена Авуцзы, и посадили их в поле, и много больных от голоса выздоровели. Сладкий и вкусный, Авуцзы стал одним из любимых фруктов, потом и распространился. Авуцзы является нынешним «арбуз в Сеяди».

Сеяди находится на севере Тяньшань, на юге Джунгарской

Пустыня

котловины, на юге пустыни Гурбаньтунгут, относится к типичному континентальному сухому климату. Почва здесь относится к песчанному, летом жарко, часы солнцестояния долгие, ресурсы света и энергии достаточные, суточная температурная разность большая, днем температура выше 30℃, вечером температура сразу падает до 15℃. Песок играет роль защиты влаги, не только копит питательность, но и предоставляет влажность корни, предоставляет полезные условия для роста арбуза.

Население Сяеди имеет необычную любовь к арбузу. Не смотря на то, что вы местный или приезжий, когда вы посещаете поле арбуза, они горячо угостят вас самым вкусным арбузом. В это время, не отказывайте, кушайте как у себя дома. После этого, хозяин подает теплую воду от солнца, чтобы вы помыли лицо и руки. Через некоторое время и ветерок подует на ваше влажное лицо, очень приятно. Такую приятность не получить любыми косметиками.

В Сяеди, и взрослые, и дети любят кушать сухую пышку с арбузом, они называют это «арбуз с пышкой». Половина арбуза и одна пышка являются их обедом. Они весело кушают, как бы он вкуснее деликатесов. Самым хорошим подарком для крестьян Сяеди во время посещения родных является джутовый мешок арбуза. Доставите арбуз и чувство дойдет. Зимой в семьи Сяеди, вы можете попробовать их сохраненный арбуз. Сидя на теплом начале лежанки, кушаете несезонный арбуз, как бы возвратили на лето, когда пахнет фруктами. В это время, вы чувствуете себя счастливыми. Арбуз в Сяеди делится на два сорта: летний арбуз и зимний арбуз. Летний арбуз быстро созревает. Если раньше сорвать, то арбуз еще незрелый, не вкусный и не сладкий; если позже сорвать, то арбуз уже слишком зрелый, только остался несколько волокна, сухой, без влажности и сладкого вкуса. Время зрелости осеннего арбуза относительно позднее, но он

является символом продолжения жизни арбуза Сяеди, полезно для сохранения и употребления зимой.

Люди в Сяеди имеют опы в хранении арбуза. Всем известно, что зима в Синьцзяне холодная, погода -20℃ часто встречается. Для того, чтобы сохранить оригинальный вкус арбуза, через многолетнюю практику, крестьянин нашел природный метод сохранения – погреб арбуза. Перед срыванием, в центре поля арбуза выкапывают погреб достаточным размером для хранения арбуза, подготавливают несколько машин чистого желтого песка. Когда арбуз становится зрелым, слой арбуза, слой толстой желтого песка, аккуратно положить в погреб, устроить сандаловую подпорку, положить высохшие рассады сверху, и покрыть их песком. На подходящем месте оставить проем для вентилирования, потом герметизировать дверце. Это творческий метод, позволяет покупателю покупать арбуз зимой. Открыть погреб арбуза, вы восклицаете о мудрости метода такого хранения: поверхность арбуза становится черно-зеленой, трогать

Степное пастбище

Арбузная бахча

и чувствовать клейный, как бы сахар сразу выпускал, потом смотреть на свежую и зеленую плодоножку, тонкую, пушистую, как только что сорванный с рассады. В это время цена выше лета в несколько раз, выше 3,5 юаней на один килограмм. Это же несезонный арбуз, конечно, редкое лакомство. Попробовав сладкий арбуз, вы не заметите никакого странного запаха. Почти каждая семья имеет такой погреб арбуза, некоторые семьи даже имеют несколько погребов.

Люди в Сяеди тепло называют бахчевников «гость арбуза», это означает то, что они являются специалистами по выращиванию арбуза. Большинство мужиков в Сяеди является «гость арбуза», конечно, среди них и есть рыцарь-женщина. В свободное время гуляете в поле, и вы можете увидеть людей, обвернув с головы до ноги, только видны два глаза, в поле насадят всходы арбуза, вот женский «гость арбуза». От того, что они внимательные, могут терпеть скучность, поручат

все надежды и чувства арбузу, после осеннего урожая их урожай часто больше, чем урожай у мужских «гостей арбуза». Каждый год такой видный пейзаж воспроизводит. Такая сцена производит представление в вашем сердце: «вооруженная до зубов» она обязательно является умной, простой, красивой и добродетельной красавицей. В сезоне зрелости арбуза, ночью под луной и легким ветром, есть арбуз это так чудесно и прекрасно!

Летом люди в Сяедине готовят чай дома, если кто-то жаждет, то достаточно взять арбуз и жажда утолится. Они называют «покончить арбуз», «убить арбуз». Люди в Сяеди принимают арбуз за самые жаждущие напитки и фрукты, еще и самые сладкие. Во время продажи арбуза люди в Сяеди говорят уверенно и смело: «Арбуз Сяеди, если не сладкий, то бесплатно!» Их уверенность заставляет вас купить много арбузов и платить деньги.

Бахчевники Сяеди принимают арбуз за превосходный

Арбуз с желтой мякотью

рецепт от болезни. Если появляется жар, заболели астмой и кашляете, вечером взять арбуз, снять вершину арбуза, вынуть часть мякоти, потом положить листовую грушу и финик, положить все это во внутрь арбуза. Ночью под росой арбуз становится «росинка арбуза», если съесть

Арбуз

арбуз вместе с листовой грушей и фиником, болезнь сильно облегчается.

Известный писатель Дун Либо родился в Сяеди, его романы «Аромат риса» и «Белые бобовые» описывают именно историю Сяеди, герой истории кушает арбуз Сяеди. Сяеди является очарованной и поэтичной горячей почвой. Прекрасная история и переменная новелла повторяет блеск на старинной западной территории.

На городском рынке арбуз Сяеди продают поштучно. Уйгуры продают арбуз. На рынке положат на простой стол арбуз, а рядом нож и все. На столе лежат арбузы с зеленой шкуркой и красной мякотью, издалека можно почувствовать аромат арбуза. Хозяину не нужно кричать, взять одну дольку и кушать, одной дольки достаточно. Нигде нет такого бизнеса. Причина продажи арбуза дольками в том, что арбуз Сяеди слишком большой, один арбуз обычно весит около 15, 16 кг, если купить целый арбуз домой, это будет не маленькая проблема.

Хотя арбуз вкусный, его нельзя слишком много есть. От того, что арбуз холодный, много кушать вредно для селезенки и желудка, может произвести боль в животе или понос. Особенно больному ревматизмом и желудком надо есть мало или вообще не есть арбуз, в начале простуды больному нельзя кушать арбуз. Обычно после кушанья люди бросают кожу арбуза. Поговорка гласит: «5 кг арбуза содержит 1,5 кг кожи, очень жалко их бросать». Сладкая лента из кожи арбуза свежая и вкусная, еще и является одним из сырья смешанных фруктов. Сок арбуза содержит много важных полезных химических элементов для здоровья и косметики.

Можно представить себе, летом, когда ветер дует как горячая волна, положить арбуз Сяеди в холодную воду, через некоторое время его вынести и рубить ножом, разрезать на десять долек, прохладность не касается вкусовой почки, может быть, прохладность уже проникает ваше сердце. Шкурку арбуза с дикой свежестью, кушаете с мякотью это очень вкусно. Поэтому в зрелый сезон арбуза, на каждой улице торговец кричит и продает. В углу улицы часто слышат – «Хозяин, режьте хрупкий арбуз Сяеди с тонкой кожей!»

Цвет граната цветит и везде золото

От богатой равнинной земли до красивого горного района Сычуань и Тибет, от холодной северо-восточной равнины до тайного западного старинного города, везде растет фрукт с яркими цветами и крупными плодами. В зрелый сезон, фрукты на целом поле как золото из Тяньшань, все красные, золотисто, привлекательные. Такой фрукт эстетичный и к тому же общедоступный, почти загадочный. Кисло-сладкий очень привлекающий вкус. В разгар сезона, торговец продает по улицам, привлекает много людей. Это гранат, а самым хорошим гранатом является сорт Синьцзяна.

Говорят, что гранат произошел в западных странах, принадлежащих династии Хань, до того, когда Чжан Цянь выезжал на запад, и перевозил гранат во внутренние районы. Говоря современным языком, как бы импортировал. Говорят, что после того, как Чжан Цянь доехал до страны Аньши на западе, перед входом его дома цветило дерево, цветы были красные, как огонь. Чжань Цянь очень любил его, часто стоял рядом и наблюдал, потом он узнал, что его называют дерево граната. Потом погода стала сухой, цветы гранатаувядали день ото дня, Чжан Цянь часто заливал его, чтобы его ветки зеленели, цветы граната стали яркими. Когда Чжан Цянь выполнил задание и вернулся на среднюю равнину, царь страны Аньши подарил

Богатый урожай гранат

Алая граната

ему золото и подарок, но он отказался, только попросил взять то дерево граната, царь с радостью согласился. К сожалению, на пути Чжан Цянь встретился с разбойниками гунн и оставил дерево граната в чужой стране во время прорыва. От этого Чжан Цянь был сильно огорчен что, в пути он не думал ни о напитке, ни о еде, до того когда дошел до города Чаньань. Когда великий император Хань с министрами встретили его, перед входом в город появилась молодая девушка с красным платьем и зеленой одеждой, она такая красивая, как добрая волшебница, глаза которой очень трогающие. Великий император Хань и министры удивились, не знали, что произошло. Чжан Цянь посмотрел и тоже удивился, эта девушка была та, кого он выгнал с комнаты, когда он поселился в стране Аньши. Оказалось, ночью до отбытия, одна девушка стучала его дверь и поклонилась, попросила с ним вместе отправить в среднюю равнину. Тогда Чжан Цянь не знал, что случилось, считал, что служанка в стране Аныши хотела с ним бежать в среднюю равнину, а он посланец династии Хань, нельзя нажить себе беду, поэтому попросил ее уйти. Не подумал, что она гналась за ним. Чжан Цянь спросил: «Зачем ты не осталась в стране Аньши, а издалека гналась за нами?» Та девушка в слезах ответила: «Я не стремилась к богатству и знатности, только стремилась к отплате заботы орошения. На пути встретилась с грабителями и не могла вас сопровождать». Она сказала и исчезла, и мгновенно превратилась в густое дерево граната. Сразу Чжан Цянь понял, и докладывал великому императору Хань о дереве граната в стране Аньши. Великий император Хань радовался и велел ремесленнику посадить дерево в дворянский сад. С тех пор дерево граната растет на земли средней равнины. Конечно, в самом деле, не Чжан Цянь распространился насаждение дерева граната, а трудолюбивый и добрый народ в старинных западных странах. Может быть, не возможно точно знать с какого времени люди заметили, что плод дерева гранаты такой вкусный, и когда начали выращивать тот гранат, который дошел до наших дней.

В октябре золотой осени, на улице Улумчи часто виден лоток с гранатами. Под сиянием осеннего солнца красные гранаты соединяются, как огонь, и заполнят прохладную осень теплом. В языке уйгуров гранат называется «Анар». В развалине Ния и развалине Лолань в Турфане обнаружили обработку с узорами граната, отсюда можно сделать вывод, что до сих пор гранат выращивался в Синьцзяне и имеет историю больше 1.600 лет. В зрелый сезон гранат, люди гуляют в садах гранат в Синьцзяне, красно-желтые гранаты, как огонь, подавляют ветки, такой пейзаж очень привлекающий. В Синьцзянс сорта граната многие, в том числе самым известным сортом граната является гранат с большим размером и сладкими семенами.

Размер такого граната равяет с кулаком взрослых, вес около 0,5 кг. После раскрытия красные семена граната как жемчужина и агат, полные и сладкие. Легко дрожать, семена граната падают на руки. Положить все раз в рот, легко жевать и сосать сок, и кисло-сладкий сок во рту плывет. Кашгар Синьцзяна известен гранатами, каждый год красные гранаты продают на другие места. Гранат вкусный, но кушать с семенами сложно, поэтому сок из граната с помощью давилки стала пользоваться популярность в базарах. В больших и маленьких базарах Синьцзяна вы можете увидеть полуавтоматические давилки.

Выжимание сока из граната

Машина имеет ручку, положить гранат в железный бак, вернуть ручку, железная плита начинает жать гранат, и его розовый сок утекает в стакан по носикам. С самым хорошим гранатом в Синьцзяне является район Кашгар и Хэтянь, в том числе село Пьялэма Хэтянь являющейся известной родиной гранат Китая, гранат «Пьямань» на этом месте красивый и вкусный, он продается даже за границей.

Гранат вкусный и красивый, не только облик красный, символизирует счастье, мякоть тоже красная, как агат, сладкая и прекрасная, очень привлекательная. Может быть, некоторые считают, что кушать гранат сложно, нужно плевать семена, в самом деле, это неправильно. Специалист по питанию указывает, что плевать семена граната – это большая потеря питания. Семя гранат содержат много витаминов С, веществ из полифенолы и флавона, все они являются сильными антикислителями, имеют функцию продлить старение, могут предупредить и облегчить болезни от старения. Богатые витамины в семени граната не только белеет кожу, но и укрепит упругость кровеносного сосуда, предупредить болезнь кровеносного сосуда сердца и головы. Вещества из полифенолы и флавона могут помочь коже противостоять вреду свободного радикала, предупредить раннему образованию морщин, еще и имеют действие опреснить старческие пятна. Кушать много семей граната может защитить сочленение, питательные вещества в нем имеют функции стимулировать секрецию смазки сочленения. Кроме того, семя граната может стимулировать дефекацию, друг с запором может пробовать. Но надо обратить внимание на то, что трудно переваривать семя граната, желудочно-кишечный больной может жевать с семьями, потом плевать. От того, что сорта граната многие, семя бывает и мягкое и твердое, во время кушанья надо смотреть на ситуацию, непривычные люди принимают несколько и все, пожилые люди с плохими зубами, кишками и желудком лучше пить после выжимания сока. Если выжимать гранат с половиной яблока, и его питательная ценность удваивает.

Гранат не только имеет сладкий вкус, но и имеет глубокие отношения с культурой одежды Китая. В песни «Вуци» императора Лянюань есть такое выражение «Гибискус

Угощение гостей сладкими фруктами

изменчивый как лента, а гранат как платье», крылатые слова «гранатовое платье» произошло отсюда. В древности женщина любит носить красное платье, как гранат, тогда краски, которые красить платье обычно взять из цветов граната, поэтому люди называли красное платье «платье граната». Со временем «платье граната» стало названием молодой, красивой женщины в древности, поэтому и есть шуточная поговорка «умирать под платьем граната, стать чертом и рад».

Летом каждого года, с июня до июля, на поле уезда Каргалыка Синьцзяна деревья гранат растут наперебой, цветущие цветы и листья густые. Во время отдыха крестьяне танцуют в поле, это образует красивый и гармоничный сельский пейзаж. Красный цвет граната на солнце улыбается, смех и шум с звуком «Ка-ча» фотоаппарата смешают, летают бабочки и пчелы, все это образует прекрасную картину развлечения в поле. Конец сентября каждого года является сезоном сбора урожая гранат. Тогда в уезде Каргалык везде растут гранаты, как красные фонари. Большие гранаты уже открыли и появились бело-розовые зубчики. Местные люди говорили, что во время срывания если резать целую ветку, и висеть ее в комнате, то счастье тайно придет. Уезд Каргалык издавна пользуется славой «родина граната», срок инея на этом месте короткий, часы солнечного освещения долгие, суточная температурная разность большая, почва очень подходит растению граната. Большинство гранатов в уезде Каргалыка разделяет на кислый и сладкий вид, особенно «данэк» из села Босижэк является самый лучший, размер большой, семя полное, лучше кушать свежий гранат. Он привлекает много потребителей.

Осенью, заходя вглубь сада гранат, можно увидеть, что красивые деревья гранат слоисто и густо озеленяют землю; красные цветы граната в покрытии зеленых и ярких листьев остроумно вытянут головы. Как описать такой цвет? Как горящее платье красивой девушки, сверкающей и жгучей. Много уйгурских девушек носят цвет граната на ушах, под деревом танцуют, привлекают людей. Тысячи лет назад, когда вторая жена императора Ян с красным платьем, вышитым цветами гранат, гуляла по берегам бассейна Хуацин, плавающий аромат привлекал министров и они поклонились, потом и образовались крылатые слова «преклоняться под платьем граната». Поэт династии Тан Ли Шанинь написал: «Ветка гранаты прекрасная, плот гранат богатый, оболочка гранат легкая и прозрачная, семя граната свежее». Красивая фигура дерева граната живо появилась на бумаге. Цвет граната цветет с мая до конца июля, срок цветения долгий, цвет красивый как заря. Его цветок имеет фигуру баклажана и состоит из 4 лепестков, как ваза из красного агата.

Вишня в Кашгаре лучше жемчужины

В Синьцзяне, когда в апреле теплый ветер нежно гуляет по улицам и переулкам города, зимний холод постепенно уходит. Это подсказывает на одевание людьми в легкие одежды. На улицах и переулках не прерывно гуляют веселые люди. В любой момент намекает то, что весна приходит, погода теплеет. Гуляя в толпе, вы можете заметить то, что торговцы продают прозрачные, красные фрукты, это и есть специфический фрукт Синьцзяна – вишня.

О вишне, люди хорошо знают. Ее цвет яркий, плод красный, сладкий и кислый, это специфики вишни. Правда, красота вишни состоит в ярком облике; свежесть вишни состоит в том, что она родится в начале весны. А уникальная вишня, собирающая много любви, еще связывает с одной заунывной и трогающей историей.

Говорят, что давным-давно, жила была красивая девушка, ее звали Ин Ин, она с Сюцаем, который провалился на императорских экзаменах любили друг друга. Они скрывали свои имена и проживали спокойную жизнь. Каждый день они работали с утра до вечера. И так прошло 3 года. Однажды, Сюцай вдруг заметил, что от тяжелой работы тело Ин Ин уже не хорошее, как раньше. Поэтому он решил еще раз стараться учиться, и сдать императорский экзамен. Перед отъездом на экзамен, Ин Ин чувственно сказала Сюцаю: «Сколько бы ни прошло год, 5 лет или 10 лет, я буду ждать тебя под деревом у двора». Потом Сюцай расстался с девушкой, поехал в столицу и участвовал в экзамене. Действительно, слава богу, Сюцай стал Чжуаньюанем. Император призвал его на аудиенцию, и присвоил ему маркиз. Его талант глубоко привлекает тогдашнюю царевну. Царевна сказала свою любовь к Чжуаньюани императору. И так император издал приказ, чтобы Чжуаньюань женился на царевне.

Когда Чжуанюань узнал об этом, он не согласился, не жалея своей жизни, потому что он знал, что девушка еще ждала его. В конце концов Чжуанюань был заключен в тюрьме. После того, как девушка узнала об этом, она шла и днем и ночью, через отношения и увидела чжуанюань, плакала и попросила, чтобы он женился на царевне, а она сама могла бы стала второстепенной женой и даже служанкой. Но чжуанюань все еще не согласился, потом девушка сама возвратилась на дом. После того, как царева узнала об этом, она придумала замысел и посылала подчиненного сказать девушке, что чжуанюань уже умер из-за несогласия. Девушка оцепенела, потом покончила с собой мечом под деревом. После того, как чжуанюань узнал об этом, узнал о том, что это замысел царевны, и просил императора разжаловать его до простонародья. После возвращения на родину, чжуанюань стоял под деревом, глубокое скучание и память о прошлом появились в сердце, и слезы падали на землю. Сразу под ногами

Продавец вишней

вырос саженец, даже расцвел и появились плоды. Чжуанюань увидел, плод, как губы девушки, словно что-то говорят. Поэтому он назвал это дерево «вишня», и ухаживал за нею всю жизнь. Так и родилось выражение «рот красный, как вишня».

Не смотря на вульгарность легенды, его связывают с изящным фруктом. Когда говорят то, что вишня изящная, это совсем не преувеличенно. Вишня, имея другие названия, такие как Интао, Динтао, относится к семейству розы, листопадному дереву, когда плод дозревает, цвет красный, прозрачный, вкус ароматный, фигура тонкая, питание богатое, медицинская и здравоохранительная ценность очень высокая. Вишня дозревает в середине апреля каждого года, в этот сезон на рынок поступает мало фруктов. Такой период является временем «старый урожай

Обзорный вид Кашгара

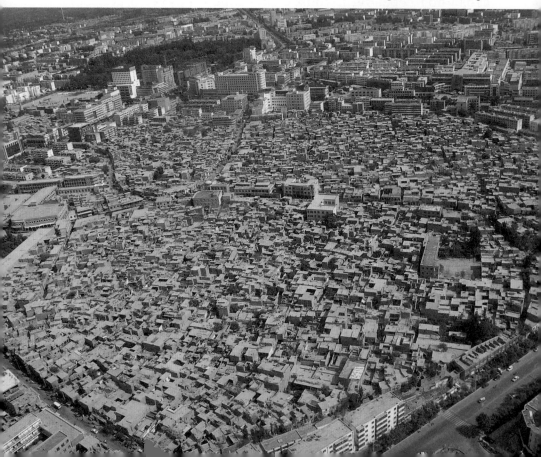

на исходе, а новый еще на корню», старые фрукты не хватают свежести, а фрукты в тот год еще не получают плод. Люди, долго не пробуют свежие фрукты, скучают по свежим фруктам. Вишня приносит крепкое дыхание весны, привлекает людей, возбуждает секрецию желудочной кислоты. Если увидеть вишни на тачке торговцев, возьмите одну или две вишни и пробовать. Даже не купить и ничего, гостеприимные торговцы не обижаются на это.

Вишня любит тепло и свет, растет на солнечной стороне склона или на краю канавы, выращивают ее на высоте 300-600 метров над уровнем моря, в северных широтах 33°-39°, она боится засухи и полноводия, ветра и мороза. Поэтому вишня растет в тех районах, где средняя годовая температура превышает 10℃, изменение температуры в начале весны не резкое, летом прохладно и сухо, количество осадков умеренное, и солнечное освещение богатое. Синьцзян имеет подходящий по своим условиям, необычный климат, подходящая почва и достаточное количество воды, поэтому вишня содержит много сахара, вкус прекрасный, мякоть жирная, сок богатый, вкус необычный, питание богатое. Климат в Кашгаре сухой, лето длинное, а зима короткая, с июня до сентября почти каждый день хорошая погода, и это период является сезоном для созревания фруктов. Срок зрелости вишни ранний, поэтому вишня пользуется славой «первый фрукт в начале весны», но вишня в Кашгаре является самой поздней вишней во всей стране. Время созревания позднее, поэтому она более сладкая, чем вишня в других местах.

Вишня по своей красоте, изящностью, имеет непрерывные связь с людьми. Смотришь на парные фрукты, как бы увидел стеснительных любовниц держащих за руки. Гуляя в вишневых рощах Кашгара, машешь рукой для нагона пчел, прекрасные фрукты, как рубины, вставлены в изумрудных ветках. Вы

Грецкий орех

чувствуете, как великий мудрец входит в сад миндали Сиванму, из одного и другого дерева срываешь и пробуешь. Когда заметишь дерево с вкусными вишнями, издаешь свист губами, услышавшие тебя сразу набегают и окружают тебя. Хотя ужасно, но все фрукты легко срываются, даже боишься как бы не объестся фруктами. Положишь одну в рот, жуешь, и вкусно, и прекрасно, как бы целуешься с ветром.

Вишня кисло-сладкая, среди кислоты свежесть, содержит богатое питание. Короткие веточки и зеленые листья доставляют людям чувство свежести и надежды. Привыкли смотреть на тусклую зиму, вдруг увидишь светлую зеленость, так прекрасно. Потом возьмешь красную вишню в рот, не торопливо жевать, оставишь ее во рту, и аромат плывет во рту, жуешь, очень сладко. Мякоть вишни мягкое и богатое, на ядре расположены сладкие элементы, не очень сладкая, а кисло-сладкая, прекрасная для аппетита. По анализу диетолога, в свежей вишни по 100 г содержит 8 г гидрокарбонатов, 12 г белков, 6 г кальций, 3 г фосфора, 5,9 г железа, содержание витамина С выше чем у яблока и цитруса. Издавна вишня называется «фрукт косметики». В книжках китайской медицины говорится, что вишня может «увлажнить кожу», «украсить людей», часто кушая можно увлажнить кожу. Главная причина состоит в том, что вишня содержит много железа, в 100 г мякоти содержание железа 5 раз больше земляники с одинаковым весом, 9 раз больше финика, 12 раз больше боярышника, 19 раз больше яблока, занимает первое место среди фруктов.

Кроме богатой питательности, вишня еще и имеет высокую медицинскую ценность. Ее корень, листья, ветки, плод и косточки можно применять в качестве лекарство. Ее плод теплый, сладкий, имеет функции поправить селезенку, стимулировать кровообращение и удалить температуру. Ее косточка умеренное, вкус горький, имеет функцию нейтрализовать действие яда. Вишня еще и стимулирует переживание гепатита, приносит пользу малокровному больному; содержание железа занимает первое место среди фруктов, может предупредить малокровие. Ее цвет красивый, для женщины, много кушать вишню, и может украсить и предупредить женские болезни. Вишня является «баловень» женщин. Для подагрика, вишня очень полезна для удаления боли в мускулах и воспаления. Она содержит большое количество антоциана, витамина Е и т.д., все они могут стимулировать кровообращение, выпуск мочевой кислоты, отпуск неудобности от вентилирования, артрита, являются эффективным антиокислителем. Особенно антоциан в вишни может снижать шанс воспаления, играет роль уменьшения опухания и облегчения боли. От того, что время свежей вишни на рынке короткое, некоторые советуют смачивать вишню с алкоголем для принятия. Но алкоголь является большим запретом подагрика, лучше выжимать свежую вишню в сок, или прямо положить целую вишню в высокотемпературный флакон для вливания, положить в котел варить и дезинфицировать, так вишня в течении года не испортится. Недостаток такого метода состоит в том, что некоторые действующие элементы в вишни теряют свои свойства. Надо обратить внимание на то, что, хотя вишня имеет хороший эффект в отпуске боли в суставе, но нельзя заменять его необходимым лекарственным лечением. Человек, кто часто пользуется компьютером, его сочленение руки, маневр, плеча, шея, спинка и другие части часто болят, а питательные элементы в вишни являются эффектным антиокислительем, могут эффективно удалить боль мускула, приносят пользу телу. Для других больных, которые любят пить алкоголь, то можно мочить вишню в алкоголь, лучше выбрать алкогольные напитки низкого градуса из зерновых, например, рисовая водка, желтое рисовое вино, гаоляновая водка и т.д. Хранить вино из вишни, можно держа в прохладном месте без прямого попадания света, так можно продлить гарантийный срок качества от 8 месяцев до года. Если принимать вишню смоченную в уксусе утром и вечером в течении недели, можно улучшить разных симптомов от долгого пользования компьютером.

Надо иметь мастерство при покупке вишни. Лучше выбрать вишню с плодоножкой, яркой внешностью и полной кожей. Когда все не возможно скушать, остальное лучше хранить в сфере −1℃. Вишня относится к легкопорчащим ягодам.

Мягкая росинка протекает красивую вишню, легкий аромат окружает вас. Летом, вишню в Кашгаре еще продают на рынке. Среди разных фруктов она занимает необычное место. Именно от этого, и есть выражение «Вишня в Кашгаре лучше жемчужины».

Грецкий орех на этом месте необычный

Говорят, что мастер Тансэн и ученики пошли к западному небу за священными книгами, когда они дошли до пустыни голодными и усталыми, встретились с бурей и они заблудились. Проснувшись, они заметили одно зеленое дерево, на дереве росли плоды. Плоды от ветра падали, попробовав плоды, они почувствовали себя энергичнее, и усталость исчезла, потом они заполнили сумку этими плодами. Каждый день они кушали по 3 плода и могли ходить целый день. Когда дошли до Хотан, они подарили остальные 3 «святого плода» гостеприимному населению Хотана. Потом трудолюбивое население Хотана приняло «святой плод» как семя и тщательно насадило, разводило до сих пор. Такой «святой плод» представляет собой нынешний грецкий орех.

Самый хороший китайский грецкий орех в Синьцзяне, а самый хороший синьцзянский грецкий орех в Хотане. Хотан является первоначальным районом выращивания грецкого ореха в Китае, еще и является известной родиной грецкого ореха. Синьцзянские археологи раскопали грецкий орех и другие вещи в бывшем поместье при династии Северных царств Токуцзышалай в уезде Маралбаши и на древнем кладбище при династии Тан Астана в уезде Турфан, это означает то, что за 1.300-1.500 лет в Синьцзяне уже выращивали грецкий орех. Насажденная территория грецкого ореха в Синьцзяне очень широкая, от Керие в южном Синьцзяне до Джимпань в северном Синьцзяне, с западного Ташкургана до восточного Хами, с Турфана с высотой над уровнем моря 47 м до деревни Санчжу уезда Гумма с высотой над уровнем моря 2.300 м расположен грецкий орех. Самый хороший синьцзянский грецкий орех расположен в оазисе вокруг Таримской равнины, продукция занимает в первых рядах Китая, большинство продает во

Дерево грецкого ореха

внутренних районах, еще и продает в Германии, Англии, Канаде, Австралии и других районах. Синьцзянский грецкий орех имеет много хороших сортов, преимущественно включает грецкий орех с бумажной кожей, грецкий орех с тонкой корой, грецкий орех с миндалем и т.д.

Поговорка гласит: «Если хотеть кушать персик надо ждать 3 года, а абрикос надо ждать 4 года, а грушу надо ждать 5 лет, а грецкий орех надо ждать 9 лет». С насаждения грецкого ореха до плода требуется долгое время, но новые сорта нынешнего грецкого ореха Хотан на второй год после насаждения дают плод, вкусный и специфический грецкий орех. Грецкий орех относится к сухофруктам листопадного дерева ореховых секторов. Все большие людей любят его за прекрасную функцию улучшения работы мозга и богатую питательную ценность. Китай имеет долгую историю выращивания грецкого ореха, в династии Хань была запись «Чжан Цянь поехал на западный район и получил семя грецкого ореха». Родиной грецкого ореха является Иран на западе Азии. Грецкий орех был импортирован в Китай во время поездки Чжан Цянь в западный район, сейчас расположен на всех местах Китая. В долгое время, китайский трудовой народ использует ресурсы простого грецкого ореха и дикого грецкого ореха, тщательно выращивает много новых качественных сортов грецкого ореха. По месторождению на грецкий орех подразделяется на: Чэньцан и грецкий орех Янпин; по зрелому периоду, на летний грецкий орех и осенний грецкий орех; по гладкости оболочки, на гладкий грецкий орех и шероховатый грецкий орех; по толщине оболочки, на грецкий орех тонной коры и грецкий орех толстой коры. Во всем Китае есть много хороших сортов грецкого ореха, например, «грецкий орех Шимэнь» в Хэбэй, его специфики являются тем, что прожилка узкая, кожа тонкая, вкус сладкий, коэффициент сердцевины около 50%, коэффициент масла до 75%, поэтому

Ухаживание за грецким орехом

Грецкий орех

пользуется славой «грецким орехом Шимэнь дорожит во всем мире». Самым известным является бумажный грецкий орех около Куча Синьцзяна, уйгуры называют его «Кэкэи», означает тонкую скорлупу, содержание масла до 75%. Такой сорт быстро получает плод, люди так опишут его: «Насадить в первый год, второй год растет, а третий год наполнит корзину.» Уезд Хотан Синьцзяна является одним из первоначальных районов насаждения грецкого ореха, ресурсы богатые, сорт хороший, годовая продукция грецкого ореха больше 6.000 тонн, занимает 11% массы всей страны, занимает в первых рядах Китая.

Поэтому уезд Хотан включен в число «уездов базы продуктов из хороших, качественных и специальных грецких орехов» всей страны. В 2002 году, государственное экономическое общество лесоводов назвали грецкий орех с тонкой скорлупой уезда Хотан «китайским известным и качественным фруктом».

Сорт синьцзянского грецкого ореха хороший, некоторые сорта дерев грецкого ореха цветят два раза в год, получают два раз плод, это редко можно встретить в некоторых провинциях. Когда плод грецкого ореха созревает, листья дерева грецкого ореха становятся густыми и зелеными. Чтобы найти среди этих густых листьев плод ореха, необходимо тщательно смотреть. В разгар сезона сбора урожая грецкого ореха, грецких орехов срывают и складывают их вместе, как зеленые крепости. Грецкий орех в Синьцзяне имеет свою специфику, скорлупа тонкая, мясо большое, не похож на внутренний грецкий орех, который имеет твердую зеленую скорлупу. После срывания фруктовые крестьяне используют природный климат закрыть или вялить скорлупу грецкого ореха. Когда шанс созревает, срывать рукой, и скорлупа падает, большая сердцевина грецкого ореха появится. После

Ароматичный грецкий орех

171

Сушка грецкого ореха

тщательной или легкой обработки, можно употреблять его прямо или обработав сладким тонизирующим средством, люди употребляют это свободно и с радостью.

Разница с другими фруктовыми деревами в том, что грецкий орех является сортом дерева с высокой экономической ценностью сухофруктов, масла, леса и медицины. Сердцевина грецкого ореха содержит белок, жир и гидрокарбонат, а также содержит богатый кальций, фосфор, железо, цинк, витамины и т.д. Питательная ценность сердцевины грецкого ореха на 1 кг одинакова с молоком 9 кг, яйцом 5 кг или говядиной 4 кг, энергия из сердцевины грецкого ореха 100 г означает 2 раза больше продовольствия одинакового веса.

Можно говорить, что целый грецкий орех является сокровищем, фосфатид в нем имеет хорошую здравоохранительную функцию на черепно-мозговые нервы; олеиновая кислота и линоленовая кислота в масле грецкого ореха являются непредельными жирными кислотами, имеют функцию предупредить артериосклероз. Беременной женщине надо много кушать грецкий орех, это полезно для развития мозга ребенка; ребенок много кушает полезно для ума; взрослый много кушает, может увлажнить кожу, чернеть волосы, лечить зной; людям среднего возраста и старым надо часто принять, это может предупредить болезнь от сердечных и мозговых сосудов. В последние годы, хрупкий «грецкий орех с бумажной кожей» очень популярный. В самом деле, такой грецкий орех является «вариантой» простого грецкого ореха, кожа тонкая, сердцевина большая, удобно принять, в питании одинаков с простым грецким орехом. Смотреть с некоторого смысла, вместе с Баданьму, грецкий орех с бумажной кожей становятся визитной карточкой синьцзянских сухофруктов.

Со стороны диетологии, грецкий орех имеет высокую питательную ценность. Сердцевина грецкого ореха имеет медицинские ценности как дополнить энергию, питать кровь, увлажнить зной, устранить мокроту, стимулировать три прохода в организме, смочить легкие и т.д. Грецкий орех содержит природный витамин Е, гарантировать то, что клетка освободит от окислительного вреда свободного радикала, медицинское общество принимает его как нестареющее вещество, поэтому он пользуется славой «долговечный фрукт». Сердцевина грецкого ореха содержит много белков и необходимых непредельных жирных кислот, эти элементы являются важными веществами метаболизма клетки церебрального организма, могут питать церебральные клетки, укрепить функции мозга. Помимо того, сердцевина грецкого ореха имеет функции предупредить артериосклероз и снизить холестерин, можно лечить зависимый от инсулина диабет. Для больного от рака грецкий орех имеет функции утолять боль, повысить лейкоцит, защитить печень и т.д. Когда вы чувствуете усталость, кушать сердцевину грецкого ореха, и усталость и давление исчезают.

Хотя происхождение грецкого ореха не «выдающее», но его оборот по продаже часто занимает первое место среди экспортных сухофруктов. Кроме свежего кушанья, самого синьцзянского грецкого ореха, обработанные в масле грецкого ореха продукты питания, конфеты, напитки и другие глубоко-обработанные продукты, являются продолжением промышленной цепи питания, поэтому его продают в Германии, Англии, Канаде и других странах.

Оригинальный Синьцзян

Синее небо и чистая вода Синьцзян родились все лакомства Синьцзяна. Эти подлинные и чистые оригинальные лакомства добавят незабываемые вкусы в памятях людей. Если вы побываете в Синьцзяне, то надо пробовать воду на нагорье, молоко степное. Давайте входить в память этих вкусов!

Хорошая вода течет с неба

Говоря о Синьцзяне, может быть, у многих в голове мелькают такие мысли, как например, сухость из-за малых дождей, ползучие пески пустыни, и т.д. Естественно, Синьцзян, который занимает 1/6 площади Китая, дожди здесь не периодичны. Как район, расположенный к югу от реки Янцзы не обладает прекрасным высокогорьем и зеленью бамбука, как провинции Юньнань и Гуйчжоу, но именно здесь самое достаточное солнечное освещение всей страны, самые богатые полезные ископаемые, самый чистый в мире воздух и самая качественная снежная вода с гор. Без городского шума, шума современной машины и сверкающих неонов ночью, здесь вы можете найти самый оригинальный импульс, чувствуете постоянный дух, попробовать «святую воду» с неба. Здешняя вода – минеральная вода из ледника Памир, является даром неба.

Нагорье Памир является полюсом западного Синьцзяна Китая, средняя высота над уровнем моря выше 5.000 м. Оно расположено на западе города Кашгра Синьцзяна, юго-западных горах Конгур и горах Муштагар, его западная точка близка от озера Каракуль в Таджикистане. Горы Конгур и Муштагар называются «Отец тороса», издавна является священным местом подниматься на гору. Памир является самым трудным и таинственным участком на шелковом пути. Про это есть народные частушки: «раз, два, три снег закрывает горы, четыре, пять, шесть дождь поливает голову, семь, восемь,

Нагорье Памир

девять счастливо, десять является началом одиннадцатого и двенадцатого месяца по лунному календарю». Июль – сентябрь являются золотым сезоном путешествия по нагорью Памира! Нагорье Памир относится к альпийско-арктическому климату, является мощным центром действия современного ледника, есть больше 1.000 горных ледников, природный пейзаж вертикальный, видно изменяется. Туристические ресурсы здесь богатые, природный пейзаж необычный, климат и экология многообразные. Горы Муштагар на территории с высотой над уровнем моря 7.546 м величественные и великачайщие, целый год покрываются снегом. У подошвы горы везде удивительная порода и странный камень, необычные цветы и странные травы. Фонтан, термы, озеро и пастбище украшают снеговой перевал и горную длину, памятники старой культуры, например, каменный городок, крепость царевны и т.д. с историей тысячи лет,

расположены между крупными пиками. Входить в Ташкурган, и вы забываете возвращаться.

Нагорье Памир относится к холодному резко континентальному высокогорному климату, континентальность восточного Памира особенно очевиднее. Зима здесь длинная (с октября до апреля второго года), на высоте около 3.600 м, средняя температура в январе составляет -17,8℃, самая низкая температура -50℃, средняя температура в июле 13,9℃, самая высокая температура составляет не более 20℃. Высокие горы удерживают влажное воздушное течение с запада, годовые осадки составляют всего лишь 75-100 мм, в долине озера Каракуль еще меньше до 30 мм. Западный Памир является рядовыми горами, гора высокая, долина глубокая, перпендикулярная измена климата большая. Влажный воздух с Атлантического океана встречается с удержанием гор, по склону

Снежные горы

поднимает и охлаждает, в зоне с высотой над уровнем моря 2.000-3.000 м конденсируется густой туман, и осадки большие, годовые осадки наветренного наклона до 1.000 мм, а долины только 100-200 мм.

Необычные географические характеристики и гидрографические условия образуют самую чистую минеральную воду в мире – минеральную воду из ледника Памира. Памир является одним из трех источников

Минеральная вода из ледника Памира

чистой воды в мире, нижний лед закрывает старый древний ледник, в течение десяти тысяч лет не обменяется с атмосферой и морской водой. После таяния льда и снега, по глубокому подземному потоку снеговой горы течет в три «молодого источника» в таджикском автономном уезде Ташкурган с высотой над уровнем моря 3.200 м, прямо консервируется в минеральную воду из древнего ледника Памир. Такая врожденная чистота, фильтрация и слабая щелочь с магнитного поля природной горы делают то, что вода из ледника Памир пользуется славой «метельщик улиц внутренней сферы тела». От того, что горы Муштагар расположены на необычном нагорье Памира, минеральная вода имеет свою специфику «редкая, дорогая, природная, здоровая», является хорошей здоровой питьевой водой.

По статистике в Синьцзяне Китая, среди 100 тысяч людей 51,75% пожилых людей возрастом выше ста лет (1982 год). В

1985 году, международная ассоциация природной медицины заключила Синьцзян к числу 4 долголетних районов в мире, в том числе автономный уезд Ташкурган, на нагорье Памир Таджик является вершиной, от этого Таджик называется долголетней нацией.

Большинство вод замерзают при температуре 0℃, бывает редко когда стоячая вода не замерзает при температуре -8℃. Когда положить закрытую минеральную воду из древнего ледника Памир в сфере -8℃, вода в бутылке не замерзает, но когда открыть крышку бутылки и раскачать ее, вода быстро замерзает, причина состоит в активности минеральной воды. От того, что минеральная вода из древнего ледника Памир намагниченная за много лет, комок молекулы разбивается в ультрамалый комок молекулы из 5-7 молекул воды, образует сверхсильную активность, даже в -8℃ не замерзает, это является болезным элементом для организма.

Почему минеральная вода из древнего ледника Памир необычная? Это преимущественно проявляется в «пяти особенностях», то есть очень чистая, сверх орудненная, магнитная, фильтрованная и слабощелочная. Именно эти «пять особенностей» гарантирует то, что минеральная вода из древнего ледника Памир лучше нейтрализует кислотное вредное вещество в теле, чем простая вода. Бутылка вода из ледника тоже представляет собой бутылку очистной воды в теле. «Сверх чистота» – горы Муштагар, самое далекое место от четырех океанов в мире, самый холодный климат пика с высотой над уровнем моря 7.000 м делает то, что ледник происходит из замерзших десяти тысяч лет назад. Подземная вода из глубокого слоя ледника до горы не обменяется с атмосферой и морской водой несколько тысяч лет, сохранит чистоту до рождения цивилизации человечества, поэтому вода из ледника гор Муштагар называется «вода из святой горы». «Сверх орудненная» – в древней земной коре оседать много полезных элементов тела для воды из ледника Памир. Редкие элементы в ней стронций не только могут укрепить скелет, умягчать сердечные и мозговые сосуды, стимулировать повышение уровня сыворотки и тестостерона, но и могут прекратить то, что тело всосет чрезмерные натрия (преимущественно составляет хлористый натрий, то есть поваренная соль); богатая метакремнёвая кислота является элементом, которым может умягчать кровеносный сосуд; богатый кальций может улучшить роль сердечного и кровеносного сосуда; богатый магний может укрепить сердце и успокоить. «Сверх магнитная» – через несколько миллионов лет, природное магнитное поле, образовано корпусом гор Муштагар, магнит воду из ледника с десятью тысяч лет, магнетическая вода имеет вспомогательные функции успокоить, утолять боль, рассасывать воспаление, улучшить сон и регулировать желудок и кишки. «Сверх

Степь Налати

фильтрованная» – структура комка малых молекул воды из ледника Памира делает то, что молекула воды легче пробьет проход плазмолеммы клетки тела, и глубоко входит клетку, проводит глубокий метаболизм внутренней сферы тела, и очищение в теле более достаточное.

В ночь полнолуния, стоя на нагорье Памир, встречать расцвет, унылость старого шелкового пути пробьет сквозь спину. Снежные горы и райское место окружают. Капли святой воды, исходят и собираются из ледников, снегов и Памирского духа. Такие прекрасные напитки являются дарами неба.

Ароматный кумыс

Китай является древней страной с глубокой традицией «культурой выпивки», имеются бесчисленные истории о выпивках всех времен. В истории, много людей ради выпивки делали все, например: играли на выпивку и проигрывали, выигрывали, терпели поражение. Можно сказать, что выпивка играла необходимую роль в метапсихозе истории, свидетельствует волноритмичную историю. Конечно, в некоторых случаях после сильной выпивки память освежается только после протрезвления. Или ароматная, или вкусная, или крепкая, все это есть выпивка, после пробы ваши мысли и память протянутся…

Кумыс, особенно кумыс из Синьцзяна, не такого действия как водка, выпив его человек, становится, пьяным но не вредным, таинственным и рассудительным. Входя на безграничную степь, смотреть на отлогий и волновой холм, вы легко впадаете в традиционную сферу природы. Короткое лето является сезоном кумыса в степи. Мужчины скачут на лошадях, входят в юрту и пьют кумыс, а женщины тщательно занимаются приготовлением специального напитка степи.

Местное население Синьцзяна знает, что издавна кумыс

Старуха, продающая кумыс

играет важную роль в Синьцзяне, он всегда играл роль выпивки для ритуала кочевого народа. О его происхождении можно проследить прошлое до времен Темучжэнь с династии Юань. Говорят, с отправлением в поход Темучжэня, его жена скучала по мужу и дома готовила кумыс. Однажды, когда она приготовила кумыс, пена текла с крышки в чашку, и она почувствовала необычный молочный аромат. Попробовав, она заметила вкусный и ароматный запах, и почувствовала еще и легкое опьянение. Постепенно она выучила технологию приготовления выпивки, и делала простые приборы для выпивки, сама приготовила. На церемонии торжества того, что Темучжэнь стал богдыхан, она посвятила приготовленную выпивку мужу, комсоставу и рядовым. После того, как богдыхан, комсостав и рядовые пили, они хвалили ее. С тех пор богдыхан приказал ее дворянской выпивкой, назвал ее Сэлиньэжиха.

На самом деле, метод приготовления кумыса не

сложный, овладеть времени приготовления является ключом приготовления бака качественного кумыса. Сохранить свежее конное молоко или верблюжье молоко в кожаном ведре, положить старый кумыс в качестве цюя, постоянно размешать деревянным шестом, делать его теплым, поднимать температуру, бродить, становить чистый и вкусный напиток. Содержание алкоголя кумыса невысокое, обычно только несколько градусов, характер выпивки умеренный, легкое опьянение, и содержит много белка, минералов и сахара, имеет много лечебных свойств, таких как поправлять здоровье, укрепить желудок и т.д.

Говорят, во время похода и войны героя Манас из киргизов их солдаты принимали молока и мяса как продовольствие для армии. Киргиз кормил коров, овец, лошадей, верблюд и як для того, чтобы предоставить жизненное мясо и молоко, почти каждый день кушали мясо, молоко и молочные продукты, пшеница, ячмень голозерный и овощи принимались только в качестве вспомогательных продуктов в их пище. Летом и осенью они преимущественно принимали свежее молоко, сметану, сливки, крем, мясо и мучное изделие; зимой и весной они преимущественно принимали мясо, чирей йогурта, сливочное масло, мучное изделие и т.д. Всеми временами года они не могли не пить кумыс. Когда вы входите в юрту населения киргиза, несмотря на количество, все они подождут под себя ноги с салфеткой, вместе кушают. Какой размер юрты, и какой размер салфетки; сколько гостей, и

Кондитерские изделия к кумысу

как богатая пища, это гостеприимное население киргиза.

Кумыс скорее главная пища скотовода летом, чем выпивка. Потому что, среди пищи на степи, кроме мяса, большинство питания происходит из кумыса, много мужчин

Кумыс

каждый день пьет несколько литров, даже ребенок, который родился несколько месяц назад, и пьет кумыс. Традиционный монгольский врач принимает кумыс для лечения болезней, говорят, что кумыс эффективно лечит гипертонию, диабет, гастроэнтерит и другие болезни. Поэтому в многих городах Монголии можно увидеть амбулаторию с помощью кумыса лечить болезнь. Особенно для болезней, которые требуются соблюдения диеты, кумыс является идеальное лекарство.

Содержание формальдегида в кумысе совсем нет, поэтому пить кумыс, не поднимая голову, не вредит желудку, не портить печень, при этом злоупотреблять тоже не стоит, некоторые говорят «много пить, но не вредить здоровью». Мужчина, женщина, старые и молодые могут пить кумыс больше на 1-2 раза, чем простая выпивка, можно и больше выпить кумыс, это истинный факт.

Сейчас не только в степи можно пробовать кумыс, он уже вошел в нашу жизнь. Кроме традиционного метода питья, еще и другой необычный метод питья – можно добавлять в кофе, который становится вкусным; можно добавлять в различные соки, становится кумыс со соком; можно добавлять лед и другие водки, потом вместе пить; еще и можно свободно регулировать

разные коктейли… В то же время, выпивая вкусный кумыс, вы можете чувствовать себя в необычно хорошем настроении.

Вкусный Мусэлайс с историей больше тысячи лет

«Вкусное вино» в стихах династии Тан «Пить вкусное вино со светящим стаканом хорошо, но жаль, что тебя торопят на войну…» означает вино из старого западного района «Мусэлайс». «Чудесный напиток из западного района», который династия Гаоцан посвятила императорскому двору династии Тан, тоже является им.

Мусэлайс является любимым напитком уйгуров в южном Синьцзяне, и метод его приготовления необычный. Такой напиток является соком из винограда, но не вино. Он и есть народный традиционный напиток в Авате, в Синьцзяне необычный, является природный сок, как вино, его питательность богатое, имеет многие функции, такие как стимулирование кровообращения, удаление кровоподтеков, согревает и расширяет вену. Он приносит пользу здоровью, и в народной медицине его принимают как важное лекарство, более того эффект хороший.

О происхождении Мусэлайса распространились две легенды, одна связывает с любовью, другая связывает с дружбой. Женщины любят легенду о любви, женщины в Авате считают, что Мусэлайс тесно связан с любовью. Мусэлайс помогает найти возлюбленных, справлять торжественную свадьбу, рожать детей… Все большие события связываются с Мусэлайсом. Говорят, во время династии Яркенда красивая девушка Аманьгули жила на берегу реки Яркенда. Однажды девушка встретилась с красивым парнем Маймайтимин, и они влюбились. Но тогда население Даолан было обречено переезжать и скитаться, по оазисам и степям являются

Кристальный Мусэлайс

их опорой жизни. Пришло время расстаться. Наконец, Маймайтимин сказал клятву «Осенью, когда виноград дозревает, я вернусь и возьму тебя» и ушел. Аманьгули так ждала. Но виноград дозревал раз за другим, возлюбленный не вернулся. Аманьгули только вспомнила то, что возлюбленный сказал, их любовь густая, как их насаженное дерево винограда, сладкая и пьяная, как виноград на подставке винограда. Поэтому Аманьгули хотела сохранить виноград, который они насадили, и она выдумала метод сохранения: варить виноград в сок, но она не знала, что она приготовила вино. Аманьгули вложила свою душу, мечту и все надежды в вино. Потом Аманьгули каждый год готовила и дарила землякам Маймайтимина. Любовь безумна влюбленной женщины превратилась в густой Мусэлайс.

А мужчины болше верят в то, что вкусная выпивка тесно связывается с дружбой. Даже в простой день мужчины в деревне собираются пить Мусэлайс, говорить о судьбе и дружбе. Сегодня

пить свою приготовленную выпивку, завтра пить Мусэлайс соседа, такая дружба как рассказ о Мусе в легенде. Муса тоже являлся жителем династии Яркенда, он был гостеприимный, даже в дальней деревни и есть его друг. В один год, большой виноград с тонкой кожей дозрел, он хотел пригласить друзей на пробу, но друзья от дальней дороги приехали поздно. Погода уже холодная, Муса боялся того, что виноград испортится, и вымыл его, положил в сосуд, закрыл сосуд, ждал приезда друзей. Он долго ждал, однажды, друзья пришли, Муса радушно угощал их. Во время кушанья Муса вспомнил о винограде в сосуде. Друзья помогли ему вынести сосуд, открыл его. Крепкий аромат из сосуда наполнил комнату, а виноград в сосуде превратился в сок из винограда! Муса сожалел и сказал, он хотел угощать друзей виноградом, но сейчас виноград превратился в сок из винограда, хотя бы так, попробуйте! Потом каждому налил чашку и все выпили. Неожиданно, что через некоторое время

Тысячелетнее таинственное вино

они почувствовали, что усталости нет и настроение хорошее. Потом друзья с радостью танцевали. С тех пор известность Мусы распространилась среди населения Даолан. Каждый год, когда виноград созревал, население Даолан спрашивало метод приготовления выпивки у Мусы и с ним вместе собирали виноград, выжимали сок из винограда, и выливали в сосуд. Через сорок дней вновь была ночь танцев.

Оригинальный Мусэлайс производится в уезде Ават Синьцзяняе. Земля Ават обширная и плодородная, климат теплый, насаждение винограда большое и имеет хорошее преимущество, сырье богатое. Транспорт Ават закрытый, всегда сохраняет народный метод приготовления Мусэлайса. До 50-гг 20 века в деревнях еще приняли Мусэлайс как единственный алкогольный напиток, местные народы мерят качество Мусэлайса по степени алкоголя. От того, что Мусэлайс приготовлен руками, вкус неодинаковый и неповторимый. Даже один человек по одному методу приготовил Мусэлайс, в разное время и на разных местах, вкус разный. В 80-гг 20 века самый известный мастер виноделия был Байк Жисижип в деревни Кэпин села Айбаг уезда Ават, в одном котле он мог приготовить 12 видов Мусэлайса с разными вкусами. В разных деревнях Ават и на зимних пастбищах Мусэлайс является безопасным напитком с большим питательным веществом, сладким вкусом, который уйгуры сами готовят. Во время радостного праздника, триумфа, урожая, свадьбы или встречи с родными и друзьями, люди принимают его как природный напиток. У Мусэлайса нет добавки, совсем натуральный, плюс богатое питание, издавна народ любит его. Цвет у него как цвет крепкого чая, крепкий и густой, слегка сладкое есть легкая горечь, имеет необычный вкус.

Каждое население Авата является мастером виноделия. В деревянном баре, если кто сказал, что он не умеет приготовить

Мусэлайс, то делают вывод: он не коренной житель Авата. Население Даолан в Авате имеет две сокровищи: Мукам Даолан и Мусэлайс. Мукам Даолан вольный и грубый, имеет одинаковый вкус с Мусэлайс, выражает чувство населения Даолан, как огонь.

В некоторых деревнях в южном Синьцзяне, где живут уйгуры, каждая семья готовит Мусэлайс, как каждая семья в водной деревни на юге готовит рисовое вино. Вкус в разных семьях разный, и он имеет связь с возрастом, характером, настроением, что проявляет натуру и характер человека виноделия. Мусэлайс, изготовленный стариком, упадочный, но стоит тщательно пробовать. Мусэлайс, приготовленный молодым, энергичный и пылкий. Мусэлайс, приготовленный вспыльчивым, легко поднимать в голову, и горло вспылит. Мусэлайс, приготовленный мягким, приятным, от него трудно опьянеть. Мусэлайс, приготовлен человеком в любви, имеет

Выпивание Мусэлайс на сходке

Дегустация Мусэлайса

вкус розы и пчелы, полон радости, и все не терпят петь от него. Мусэлайс, приготовлен человеком, кто неудачен в любви или в разводе, горький, и они не терпят плакать от него.

На затерянном «деревянном карнавале Мусэлайса», каждой семье надо посвятить сосуд хорошей выпивки, налить в большой бак, размешать в Мусэлайсе для всей деревни. Это символизирует единство, как размещенная выпивка в баке. Закуской является большая горячая говядина и баранина в котле. Люди пили, танцевали, пели, карнавал длился 3 дня и 3 ночи. На 3 день, уважаемый почтенный человек в деревни выступает с речью. Его выступление означало то, что Мусэлайс представился в знак примирения, люди пили, и забывали недоразумение, ненависть и раздоре между соседями. С тех пор тоска превращается в радостность; больной молится у бога, чтобы завтра все было в порядке; даже Мусэлайс может вымыть душу преступника, с нынешнего времени он станет хорошим

Приготовление Мусэлайса

человеком.

Сейчас в уезде Ават больше 300 деревянных мастерских готовят вино Мусэлайс, кроме того, еще больше 20 предприятий обрабатывают Мусэлайс, годовая продукция вина Мусэлайса достигает более 3.000 тонн. С распространением Мусэлайса некоторые мастерские используют современную технологию приготовления, проводят высокотемпературную обработку или добавлют алкоголи для продления срока сохранения продукта. От этого старики Эцзэ и Маолаэмайти качали головой. Они считают, что только с душой, сердечно и с чувством, можно приготовить настоящий Мусэлайс Авата.

Вкусное синьцзянское «местное пиво» – Кавас

Пиво, необходимый на столе летом напиток, являющийся

любимчиком не только мужчин, но и женщин. Циндаоское пиво «Снег», шэньсиское пиво «Ханьс», нинсяское пиво «Сися», синьцзянское «Усу», они представляют собой известные марки во всем Китае, они покорят вкус обширных потребителей настоящими местными спецификами. Еще и есть некоторые секретные «местные пива» с глубокими местными спецификами, например, Кавас, через осадки времени, он более ароматный, он привлекает людей своим необычным очарованием.

Летом в Синьцзяне, и на шумном ночном рынке, в национальном ресторане, и в уличном магазине жареных уток, вы можете увидеть большой бак, как бак пива, на нем пишет «Кавас». Заказать большой стакан, только нужно 4 или 5 юаней, пить и иметь сладость пчела, и аромат пива, и утолить жажду, и приятный, пить и не пьяный, потому что он не содержит алкоголь. Такой природный напиток является необычным национальным напитком русских. Упомянуть русских, в впечатлении и памяти большинства способность к пению и танцам, но в самом деле не так. Питательная культура русских необычная, содержит отпечаток изящества уважения к природе.

Чугучак в Синьцзяне представляет собой место, где живет самое большое количество русских Китая. Если хотите узнать о их традициях и культурах, надо поискать из напитка России, который называется Кавас. Кавас является удивительной

Печенная рыба Даолан

Кавас

работой среди традиционной питательной культуры русских, появился больше 1.000 лет назад. Тогда люди измельчали зерно, добавили воду, размешали в ком муки, положить в керамику и нагревали, делали осахаривание крахмала некоторых зерен, потом добавили воду для разбавления, естественно бродить. Но тогда только дворянство русских угощало гостей и можно пить такой напиток. В 18 веке, по притоку русских в Чугучак в Синьцзяне, вслед за этим Кавас и населился на этом месте. В середине 19 века, упадочное дворянство России первый раз принесло технологию приготовления в страны Средней Азии и долину реки Или, Алэтай, Чугучак и другие районы в Синьцзяне Китая. С тех пор в течение 150 лет, эти районы, особенно русские, уйгуры, казахи, хуэй, китайцы и другие нации в Или приготовили по своим методам, они сохранили обмену технологии друг друга, наконец, дедуцировали и развили в Кавас с крепкими характерами. Сейчас русские в Чугучаке, и бедные, и богатые, мужчины и женщины, старые и молодые, и на поле, и на улицах, и в радости, и в усталости пьют Кавас, угощают гостей Кавас, дарят другим Кавас в подарок.

Поговорка гласит, «пиво является жидким хлебом», это значит то, что он содержит питание. Кавас русских готовится путем чрезмерного смешанного брожения с помощью традиционного черного хлеба, сырье берется из природного меда, боярышника и т.д., не содержит элементов алкоголя, полезен для здоровья. От того, что Кавас готовит по примитивной ручной технологии, поэтому каждая семья может готовить, сейчас становится известным напитком.

«Кавас» в некоторых местах называется «квас». Кавас является названием переведенной с китайского языка названия KAWAS, в обиходе называется свежее пиво из меда, происходит из России, принимает горский нектар, хмель, зерно, белый сахар, черный сахар и другие природные вещества как сырье, через сложное брожение много молочнокислых бактерий, дрожжевых грибков готовится немножко крепкий биологический напиток. Его вкус ароматный и сладкий, питание богатое, вместе с германским пивом, американской колой и болгарской бузой называются 4 национальных напитков в мире.

От необычного приготовления Каваса, его питательная ценность большая. Научное исследование показывает, много витаминов (B1, B2, C и D) в Кавасе имеет функции освежать, оживить, удалить усталость. Вкусный Кавас может снизить температуру и утолить жажду, еще и может поздравить за выпивку, поэтому только что выпускает и получает любовь мужчины, женщины, старых и молодых. Но срок сохранения Каваса по традиционной технологии очень короткий, хотя сейчас использовать

Квас

теплозащитный бак для сохранения, но в нормальной температуре только можно сохранить около 3 дней. Во время питья Каваса, надо наблюдать его прозрачность, нюхать аромат, если мутный, бродильный вкус крепкий, то значит то, что Кавас не свежий, вкус плохой, нельзя пить.

Синьцзянский Кавас более привлекающий, чем кумыс и китайская водка. Часто употребляя Кавас можно прибавить необходимые поливитамины для организма, эффективно стимулировать пищеварительную функцию организма. Через развитие более ста лет, Кавас уже становится любимым напитком народов наций в Синьцзяне, имеет крепкие национальные исторические специфики. Если преодолеть трудности по вопросу сохранения его свежести надолго, то Кавас можно транспортировать из Синьцзяна в другие далекие края.

Аромат синьцзянского чая с молоком плавает за десять тысяч километров

Осенью, в обширной степи на севере горы Тяньшань, и в оазисе Таримской равнины южного Синьцзяна, в юрте каждого Аула (собирающее место скотовода) в Синьцзяне и в избах деревни выпускает аромат чая с молоком. Если вы хотите прийти в гости, гостеприимный хозяин сначала подает вам ароматный чай с молоком в честь приезда.

«Без чая и заболеть». «Можно день не кушать, но нельзя, ни дня без чая». Чай с молоком является необходимым напитком в жизни национального меньшинства Синьцзяна. Казахи, монголы, уйгуры, узбеки, татары, киргизы и другие нации очень любят чай с молоком. Когда быть в гостях в семьи казахи, прежде всего, они угощают гостей чай с молоком. Не наполнить каждую чашку чая с молоком, и регулируют масштаб чая, кипятка, соляной воды, молока и сливок, таким образом, чай с молоком всегда горячий и вкусный. После того, как подали вам чай с молоком, уйгуры разломят лепешку в маленький кусок и положат в чашку для проявления энтузиазма. Когда угощают гостей, скотовод из национального меньшинства не использует остальной чай с молоком или холодный чай с молоком, а снова приготовит. Когда пить чай с молоком, казахи и монголы используют маленькую фарфоровую чашку, а уйгуры, сибо и другие нации любят использовать большую фарфоровую чашку, не только можно вместить больше, и можно добавить большие заливки и свежее молоко.

Синьцзянский чай с молоком из сливочного масла легко готовится. Лучше выбрать кирпичный чай, потому что чай с молоком из другого чая не настоящий. Заварки надо больше, чай с молоком из крепкого чая вкусно. Измельчать чай и положить в чайник, положить чайник на огонь, после нагрева и фильтровать чай, добавить пакет молока около 250 мл, после варения

Пейзаж зелени и озера

Синьцзянский чай с молоком

непрерывно махать чай ложкой, совсем готово и добавить соль в чайник, и можно сам добавит после вливания чая с молоком в чайник. Хотя это чай с молоком из сливочного масла, то надо иметь вкус сливочного масла. Копать ложку сливочного масла и положить в чайную чашку, размешать ложкой. После таяния сливочного масла, на чае есть слой масла, пить и во рту есть аромат сливочного масла. В Синьцзяне пить чай имеет привычку, налить чай надо сначала налить старшим, надо руками подать старшим, а старшим и надо руками принять чай. После того, как пить чай, если еще хотеть пить, то надо положить чашку перед собой или салфеткой, или сам протянуть чашку хозяину, и хозяин сразу нальете вам чашку; если не хотеть пить, то руками закрыть рот чашки, это значит то, что уже напиться. Если хозяин приглашает вас еще чашку пить, вам еще раз надо руками закрыть рот чашки, и сказать: «Жэхэмайти, Куобусидэн. (Спасибо, я напился)». Тогда хозяин не нальет вам чай с молоком. Если вы не знаете про такие церемонии, когда перед чашкой ложат салфетку, это значит, что гостеприимный хозяин непременно добавит вам в чай молоко.

К приготовлению чая с молоком казахи, татары и других наций относятся более серьезным образом, они отдельно заваривают чай и варят кипяток, потом заливают это в чайник. Когда пьют чай с молоком, сначала наливают в чашку свежее молоко, потом заливают крепким чаем, после чего наливают кипяток. Каждая чашка чая с молоком проходит эти 3 шага, и каждый раз чашку не наполняют, только наливают чуть больше половины чашки, так пить ароматнее и быстро охлаждается. Зимой некоторые скотоводы казахи в чай с молоком добавят белый молотый перец. Такой чай с молоком немножко острый, выпевая в большом количестве, повышают энергию в теле, повышается холодостойкость организма.

В скотоводческом районе и альпийско-арктическом районе, мяса больше, а овощей меньше, плюс то, что в Синьцзяне зимой и весной холодно, летом и осенью жарко, поэтому зимой и весной пить чай с молоком может быстро согреть, летом и осенью может охладить и утолить жажду. В скотоводческом районе население мало, дистанция между населенными пунктами большая. Когда скотовод выходит, во время жажды трудно найдет напиток, перед отправлением надо пить достаточный чай с молоком, на пути и кушать сухой паек, можно долгое время не пить и кушать. Кроме этого, в чае с молоком состоит из и чая и молока, иногда еще и добавляют сливочное масло, он является вкусным и питательным напитком. Народы из национального меньшинства, которые занимаются скотоводчеством от того, что рано уходят и поздно возвращаются, обычно один

Добавление соли в чай

раз в день они только ужинают дома, а днем на улице, поэтому только берут с собой простую еду, нагревают чай с молоком перед едой, в день они много пьют чай с молоком. Каждый раз, когда они пьют чай с молоком, они напиваются до пота. Когда пить чай с молоком, еще и кушать крем, заливки, чирей из молока, лепешку, мясо и другие продукты. Обычно, когда угощать гостей дома, сначала нагреть чай с молоком, еще и кушать молочные продукты и мучные продукты, потом варить мясо и приготовить кулинарию для того, чтобы гость сытый. Сырье чая с молоком является чай и молоко или молоко овца. Народы из разных наций и разных районов принимают разные чаи и методы приготовления. Казахи любят пить чай из риса, монголы любят пить синий кирпичный чай, таджики любят пить черный чай, а уйгуры, сибо, татары и другие нации любят пить кирпичный чай из пахиты.

Так много вкусов, так много деликатесов, столько привлекательного, это не забываемый, вот это Синьцзян!

Испокон веков, на месте за Великой китайской стеной; в годы рассвета шелкового пути, под звон верблюжьих колокольчиков; в те годы, на краю которого бесчисленные китайцы бурлили и почитали «еще и думать о том, что за страну построить крепость». Сегодня, Синьцзян, который занимает

Жареные в масле баранки – саньзы для угощения гостей

1/6 территории Китая, становится стремительно быстро развивающейся частью Китая, фронтом реформы Китая, знаком возвышения Китая. Все это содержится во вкусном Синьцзяне.

Местность, территория, население если не имеет мощную тенденцию развития, не обладает мощной верой развития, отсутствует мощная база объединения, то его культура и быт легко угасает и умирает. В качестве выражения знака культуры, деликатесы в этом месте которые быстро становятся историей.

Синзцянский ресторан

В последние годы, не только местное население Синьцзяна, даже туристы, кто побывал в Синьцзяне, все сильнее чувствуют то, что разные лакомства Синьцзяна, которые имеют крепкий вкус, проявляют культуру Синьцзяна, непрерывно показывают живучесть, которые уже выходят за пределы Синьцзяна, распространяются на Китай и мир!

Синьцзян, как необходимый член в семьи Китая, переживает самое большое изменение развития, самое цветущее изменение развития, изменение развития народов разных наций, которые приносят большую реальную пользу. Эти изменения развития

согревает сердце Синьцзяна, энергичное дыхание его повышает уверенность, это придает народам больше энергии, времени, чтобы работать и зарабатывать деньги, жить и наслаждаться на свое удовольствие. Разные лакомства и вкусы наступают на ваш стол, входят в нашу память.

Приезжайте, животворный Синьцзян, который широко открывает свою грудь, приветствует гостей со всех сторон и стран! Здесь есть много деликатесов, есть много шансов развития, есть много азартов, можно встретить разных людей, пробовать и ощущать все чего хотите!